水與大氣是

形……原因

從……
生存的地球表面，覆蓋著一層
水與大氣。大海和空氣流動產
生雲，進而形成降雨和飄雪等
氣候現象。而這些氣象都是在
厚度不到數十公里的大氣中生
成的。

出處／NASA

出處／NASA

出處／NASA

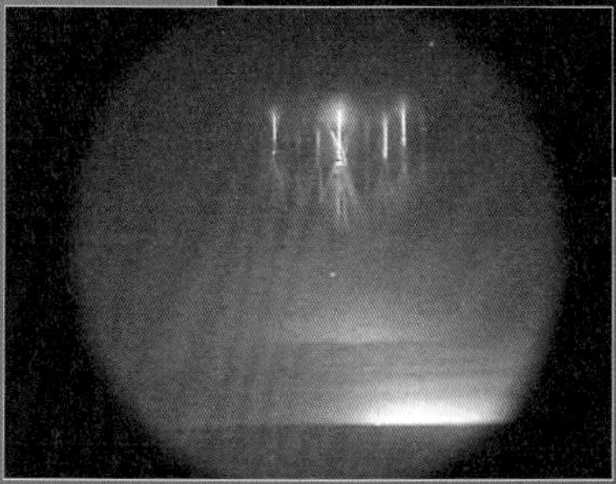

氣輝與紅電光閃靈

◀▲沿著地球表面形成一個弧形的氣輝，證實了地球被大氣覆蓋的現象。拜近年來外太空觀測技術蓬勃發展之賜，科學家發現了雷在高空釋放的紅電光閃靈。

光與水共同打造的
自然藝術

陽光蘊藏的各種色彩成分，在空氣中折射與反射，形成不可思議的美麗現象。太陽不只溫暖地球，還帶來意想不到的「禮物」。

雙虹

▲ 陽光經過大氣中的水滴折射與反射，就會形成彩虹。不過，要形成照片中的雙虹相當困難，可說是十分罕見的自然現象。正常的彩虹（主虹）外側為紅光、內側為紫光；另一道霓（副虹）的顏色排列與主虹相反，看起來也較模糊。

影像提供／Dennis Frates、Aflo

夕陽

◀ 當陽光的入射角變淺，通過大氣層的距離就會變長，導致較多紅光散射。當紅光進入我們的眼睛，我們就會看見美麗的夕陽。

影像提供／佐藤哲郎、Aflo

幻日

▶ 當空氣中的小冰晶朝特定方向折射陽光，就會形成幻日。如照片所示，在真實太陽的兩側，或在左右其中一側產生「太陽虛像」。

影像提供／金本孔俊、Aflo

觀音圈

▶ 陽光從背面照射高山，影子映照在前方的雲或霧時，影子四周就會出現像彩虹一樣的光環。當飛機影子照射在下方的雲，也會看到同樣現象。

影像提供／市場紳太郎、Aflo

影像提供／片平孝、Aflo

◀ 冰晶的形狀會受到陽光和水的結晶狀況所影響。

影像提供／後藤昌美、Aflo

鑽石星塵與日柱

◀ 當氣溫降到 -10 至 -20℃時，水蒸氣就會結冰，形成粉狀般的冰飄散在空氣中。太陽照射這些冰產生光芒的現象就是鑽石星塵（Diamond dust，又稱冰晶）。若太陽往下降，剛好遇到無風的氣候條件，這些微小的鑽石星塵就會整齊的反射陽光，看起來像是「光的柱子」，稱為日柱。

侵襲地表的
驚人力量

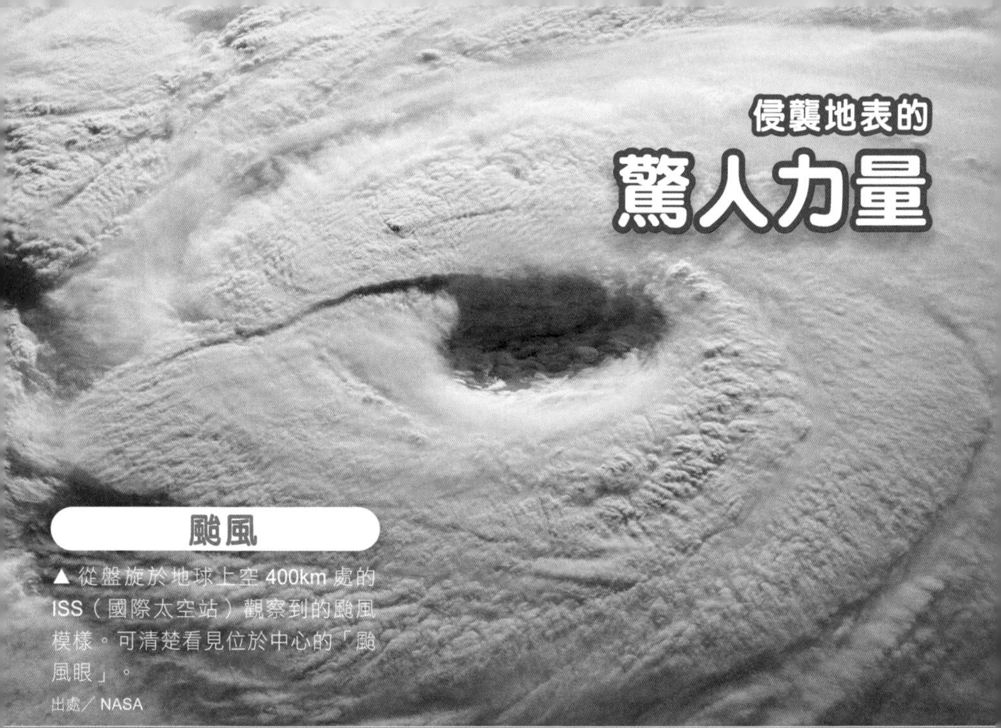

颱風

▲ 從盤旋於地球上空 400km 處的 ISS（國際太空站）觀察到的颱風模樣。可清楚看見位於中心的「颱風眼」。

出處／ NASA

氣流時時刻刻都在改變，體積膨脹到驚人狀態的雲，會產生各種頗具威脅性的氣候現象。即使現代科學日新月異，仍有許多自然現象尚待釐清。

龍捲風

▲ 不穩定的大氣狀態產生大片積雨雲，引發持續旋轉的上升氣流。當上升氣流接觸到地表即產生龍捲風。

影像提供／ Science Photo Library、Aflo

雷

▼ 雷是大氣中的電荷分離後產生的放電現象，不過，人類仍無法解開其詳細的作用原理。

出處／ NASA

哆啦A夢科學任意門

DORAEMON SCIENCE WORLD

百變天氣放映機

哆啦A夢科學任意門

百變天氣放映機

目錄

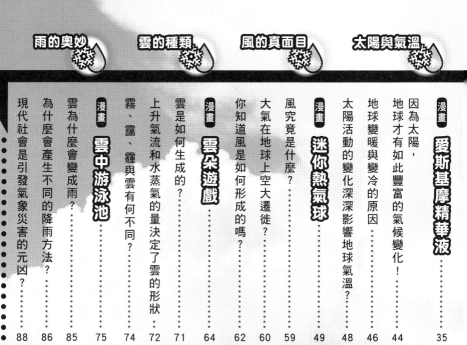

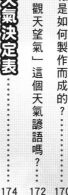

關於這本書

這是一本可以閱讀哆啦A夢漫畫，同時學習最新科學知識，一次滿足兩種需求的書籍。

先以漫畫點出科學主題，再進一步解說相關原理。其中也包含艱澀難懂的科學理論，但我們盡可能以淺顯易懂的方式解說，希望能讓大家充分了解人類一直以來對於天氣與氣象的研究結果和展望。

電視新聞每天都在報導發生於全球各地的暴風雨、龍捲風、酷暑、嚴寒、大雨、沙漠化等嚴酷氣候，事實上，新聞沒有報導的地方也會產生天氣變化。

舉個例子來說，我們每天親身經歷的氣候現象，其實也與發生在地球另一邊的變化有關。也就是說，地球任何地方的氣候都會受到全世界的風、海洋和太陽影響，而產生劇烈的變化。

總而言之，從氣象觀點來看，我們居住的星球是互相牽動、無法切割的整體。衷心希望本書能幫助大家在成長過程中，深入思考如何保護地球環境，這是我們最大的榮幸。

※未特別載明的數據資料皆為二〇一四年八月的資訊。

型態轉換錠

百變天氣放映機 Q&A

Q 現在已經有以頭髮製成的溫度計。這是真的嗎？

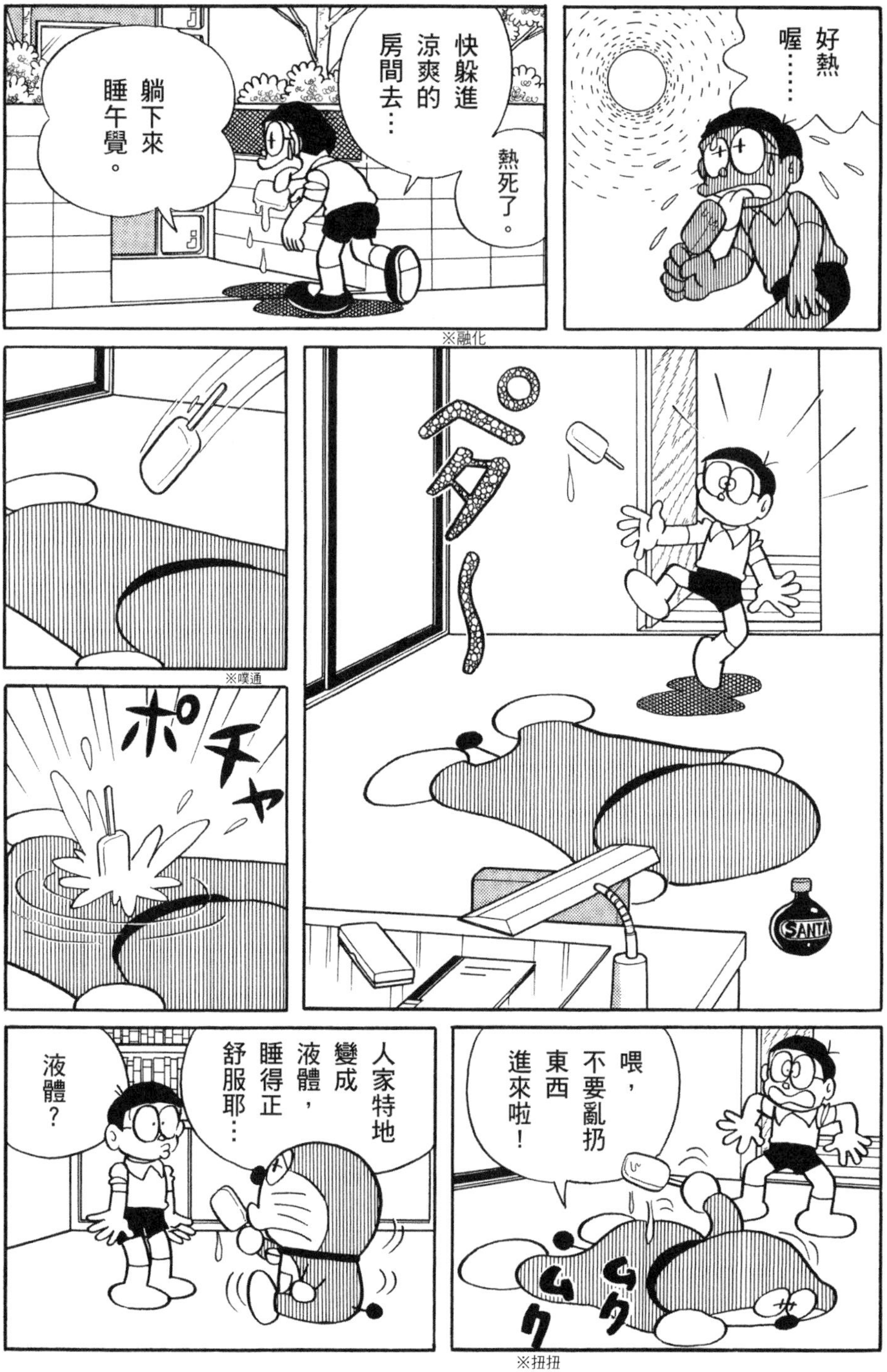

好熱喔……
熱死了。
快躲進涼爽的房間去…
躺下來睡午覺。
※融化
ペタ
※噗通
ポチャ
喂，不要亂扔東西進來啦！
ムク
ムク
※扭扭
人家特地變成液體，睡得正舒服耶…
液體？

A 真的。十八世紀時的瑞士科學家發明了頭髮溼度計。據說以年輕金髮女性的頭髮測量，結果最精準。

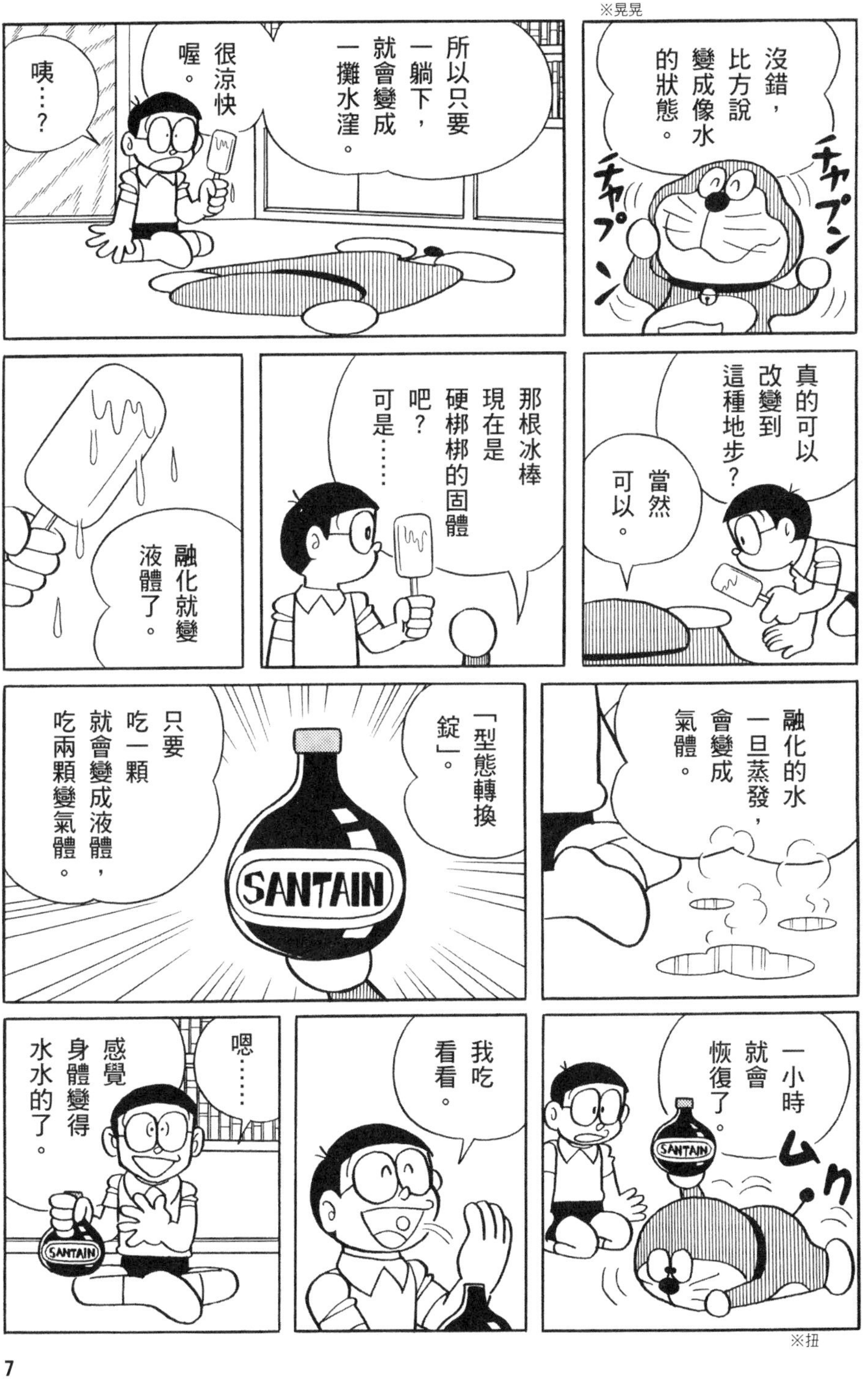
※晃晃
沒錯，比方說變成像水的狀態。
チャプン
チャプン
所以只要一躺下，就會變成一攤水窪。
很涼快喔。
咦…？
真的可以改變到這種地步？
當然可以。
那根冰棒現在是硬梆梆的固體吧？可是……
融化就變液體了。
融化的水一旦蒸發，會變成氣體。
「型態轉換錠」。
SANTAIN
只要吃一顆就會變成液體，吃兩顆變氣體。
一小時就會恢復了。
SANTAIN
ムク
我吃看看。
嗯……
感覺身體變得水水的了。
SANTAIN
※扭

※晃晃
啊哈哈，好好玩喔。
走路小心點，否則會弄溼一地的。
※啪答啪答
去嚇嚇媽媽。
※踩空
※滾落
哇啊！
※嘩啦
走廊弄得溼答答的。
給我擦乾淨!!
※擰
身體好像變輕了。
被地板吸走了一點點。

百變天氣放映機Q&A

Q 學校常見的百葉箱沒有下列哪項物品？①溫度計 ②溼度計 ③風速計

A
③風速計。百葉箱主要放置測量溫度與溼度的儀器，包括溫度計、乾溼球溫度計、最高最低溫度計、自記溫溼度儀等。

※穿越

ボコッ
很危險耶！
還好我變成氣體，不然就受傷了。
原來是大雄啊。
不要傻傻的在那裡飄，把球還我！
你居然丟到神成先生家中！
給我下來!!
好。

百變天氣放映機Q&A

Q 氣壓下降時，水會在攝氏九十九點九七四度前沸騰。這是真的嗎？

A 真的。當氣壓下降，水的沸點也會變低。例如登上富士山山頂時，水的沸點約為攝氏八十七度。

百變天氣放映機Q&A

Q

水煮沸時往上冒的白煙為水蒸氣。這是真的嗎？

※颯颯
ビュウ
起風了!!
被吹散就無法恢復了。
快點躲起來!!
快過一個小時了。
恢復原狀後，我馬上離開。
妳聽我解釋嘛！
我的解釋行不通。

A 假的。水蒸氣是眼睛看不見的氣體。那些往上冒的白煙是水蒸氣在空氣中冷卻所結成的微小水滴。與雲和霧為相同物質。

沒錯，比方說變成像水的狀態。

氣候現象來自於三大要素

插圖／佐藤諭

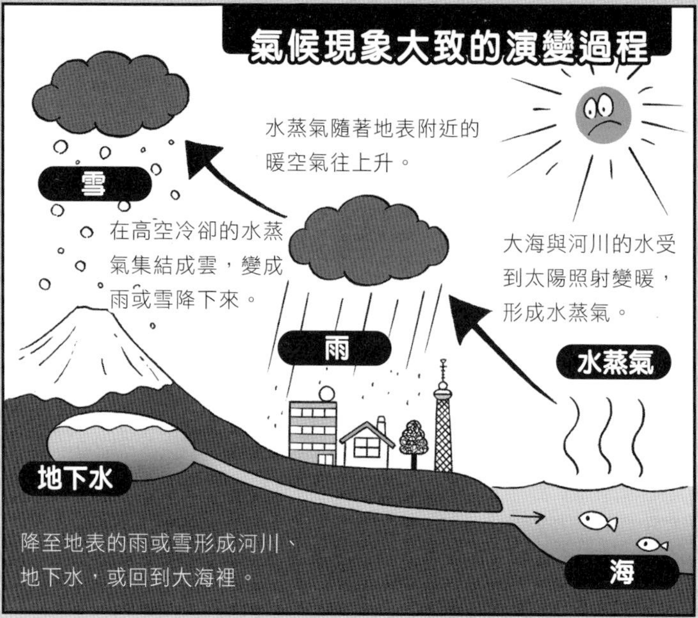
氣候現象大致的演變過程
水蒸氣隨著地表附近的暖空氣往上升。
雪
在高空冷卻的水蒸氣集結成雲，變成雨或雪降下來。
大海與河川的水受到太陽照射變暖，形成水蒸氣。
雨
水蒸氣
地下水
降至地表的雨或雪形成河川、地下水，或回到大海裡。
海

太陽釋放的能量、地球大氣與豐沛的水是改變天氣的要素

颱風、多雲、下雨、有時很熱，有時很冷……這些氣候現象是由錯綜複雜的自然法則引起。本書的目的就是在一一解開這些氣候現象之謎。

希望大家先有一個觀念，引起氣候現象的最大要素總共有三個，亦即「太陽」、「大氣（空氣）」與「水」。太陽釋放的能量溫暖海洋和地表，空氣變暖後就會變輕，因此會往上升；相反的，位於高空的冷空氣重量較重，於是便往下降。空氣就是像這樣子上下流動，風也就這樣形成了。

此外，海水與河水也受到太陽照射變暖，形成水蒸氣，與暖空氣一起往上升。在高空冷卻結成水滴或冰晶，接著集結成雲，變成雨或雪往下降。

從這一連串過程中不難了解，太陽、空氣與水這三大要素極為重要，它們構成了氣候現象大致的演變過程。

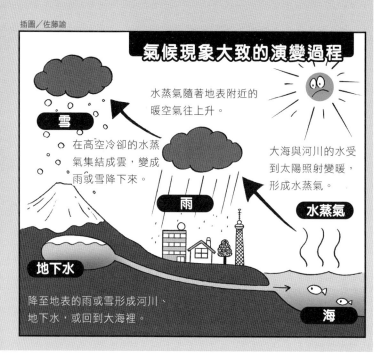

水會隨著溫度變化改變型態！從水蒸氣變成雲，再變成雨或雪

在決定氣象的三大重要元素中，先針對水進行深入研究。大家應該都知道水有三種型態，分別是「固態（冰）」、「液態（水）」、「氣態（水蒸氣）」。

事實上，幾乎所有存在於自然界中的物質都具有三種型態，而且大部分必須在極度高溫或極度低溫下才會產生變化。不過，水與這些物質不同。

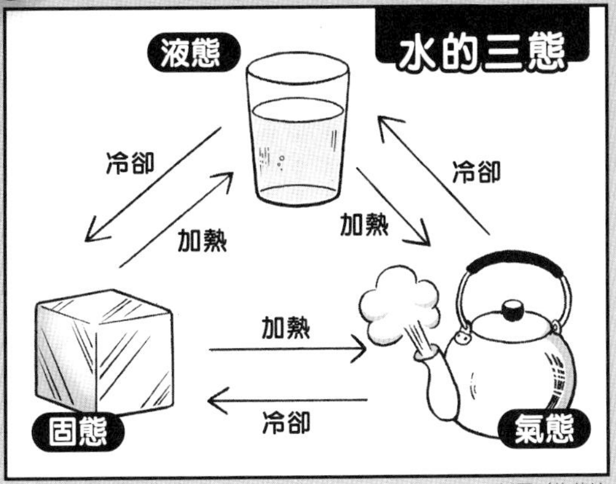

插圖／佐藤諭

我們人類存活的一般環境為一氣壓。在一氣壓的環境下，水會在攝氏零度以下時結成冰，在加熱到九十九點九七四度以上便成為水蒸氣（由於水經加熱後，提升了運動能量的水分子會劇烈活動，很容易跑到空氣之中，因此水會在溫度逐漸上升的過程中慢慢變成水蒸氣。這就是陽光能晒乾衣服以及四十度左右的泡澡水會冒出白煙的原理）。

水是自然環境中可輕易改變型態的物質。如果水要加熱到幾百度才能變成水蒸氣，那麼地球很可能不會下雨或下雪。

下圖為水的三態分子示意圖，包括分子可自由活動的氣態、看來像是一個整體，分子卻能自由活動的液體，以及分子集結且停止活動的固態。分子活動越劇烈代表溫度越高。

插圖／加藤貴夫

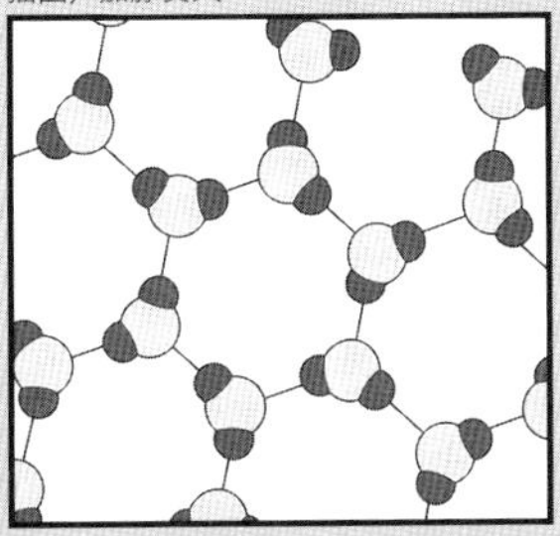
▲固態下的水分子狀態。

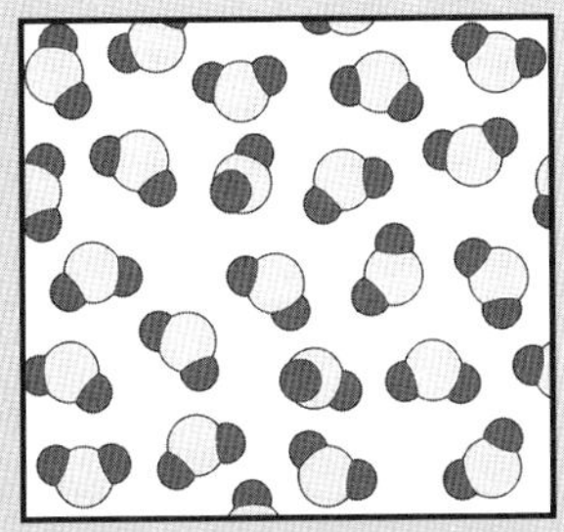
▲液態下的水分子狀態。

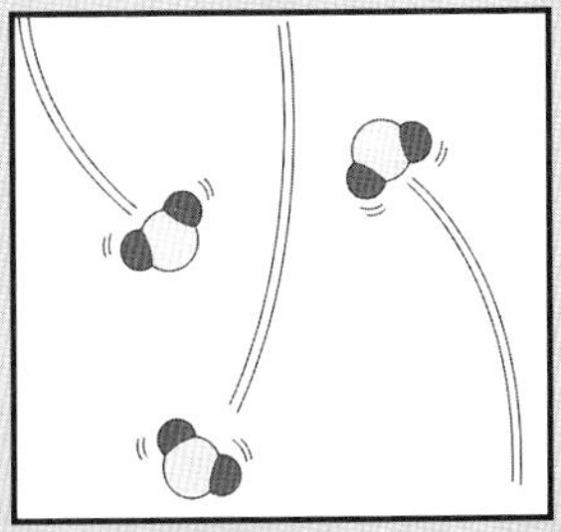
▲氣態下的水分子狀態。

水蒸氣變成雲的大自然機制

含有水蒸氣的空氣往上升冷卻後變成雲

接著我們一起來探究水蒸氣變成雲的作用機制。接近地表的暖空氣內含水蒸氣，暖空氣會隨著上升氣流（詳見第五十九頁的說明）逐漸往上升。高空氣壓比地表低，低氣壓代表空氣之間互相擠壓的力道變弱。

當外來的擠壓力慢慢變弱，上升的空氣就會開始膨脹。受到「絕熱膨脹」（詳見下頁說明）原理的影響，當氣溫下降，水蒸氣就會附著在灰塵微粒上，形成「雲凝結核」。而當許多雲凝結核集結在一起時，就會形成「雲」。

雲凝結核分成水滴和冰粒（冰晶），其形成原因跟雲的溫度有關。溫度高於零度即為水滴狀的雲，低於零度則是含有大量冰晶的雲凝結核。換句話說，雲的下層為水滴，上層由冰晶組成。

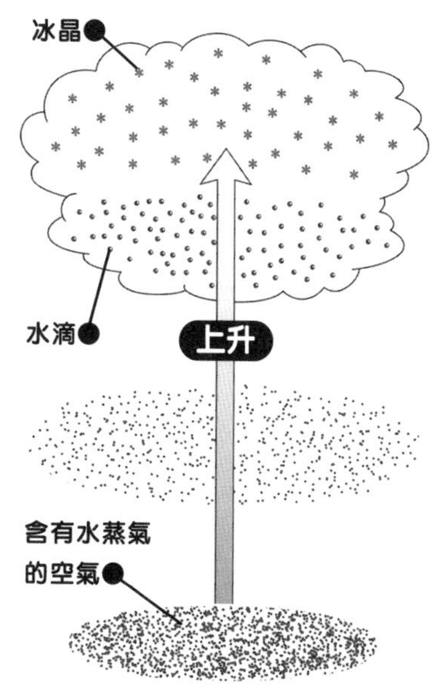

4 雲凝結核再往上升，氣溫降至零度以下的雲，含有較多冰晶。

3 當溫度下降到一定程度，水蒸氣就會變成小水滴，稱為「雲凝結核」。最後集結成雲。

2 越往上升，氣壓越低，受到絕熱膨脹原理影響，含有水蒸氣的空氣氣溫也跟著下降。

1 位於地表附近，含有水蒸氣的暖空氣在上升氣流牽引下開始往上升。

插圖／加藤貴夫

升至高空的空氣變冷主要原因是「絕熱膨脹」！

往上升的空氣之所以變冷，原因不僅僅是高空溫度較低。絕熱膨脹的影響性遠超過氣溫因素。絕熱膨脹的原理雖然不容易理解，但是卻很重要，接下來我將詳細說明。

當氣壓下降時，空氣就會膨脹，原本在固定空間中流動的空氣分子，就會開始擠壓外部空氣，此時必須耗費能量。受此影響，原有的運動能量就會減少。物質的溫度取決於分子運動能量的多寡，運動能量減少，溫度自然降低，這就是「絕熱膨脹」的原理。

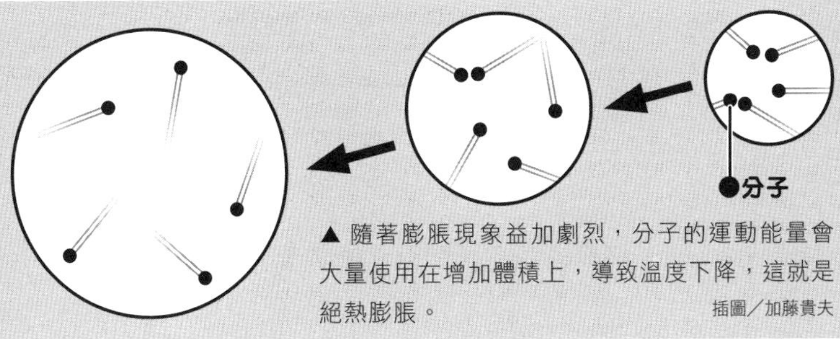

▲ 隨著膨脹現象益加劇烈，分子的運動能量會大量使用在增加體積上，導致溫度下降，這就是絕熱膨脹。

插圖／加藤貴夫

特別專欄

水的何種特殊性質能預防海水結凍？

水是我們生活中隨處可見，也是最與眾不同的物質。它不只能輕易變化成固體、液體與氣體，變成冰之後，體積也會跟著增加（除了水之外，幾乎所有物質的固態體積都比液態小）。體積變大，密度就會相對變小、重量變輕。這就是冰浮在水面上的原因。話說回來，如果水也像其他物質一樣，冰（固態）比水（液態）重的話，又會造成什麼結果？有一派學說認為，海底會先變成冰原，到最後整片海洋變成一大塊冰。不過，現實生活中影響地球氣候的要素很多，海水是否真的會結凍還很難說。倘若這個學說是正確的，地球可能不會孕育出如此豐富的生命。

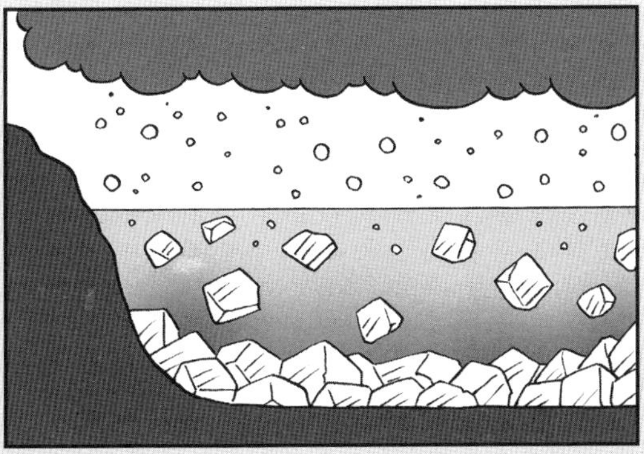

插圖／佐藤諭

溼度百分之五十代表什麼意思？

空氣中的水蒸氣含量有其極限

空氣溼度較低時，人會覺得舒爽；相反的，溼度較高就會覺得溼溼黏黏的。溼度以數值代表空氣潮溼的程度。水蒸發會變成水蒸氣，蘊含在空氣中，空氣中的水蒸氣含量增加時，溼度就會變高。但是，當水蒸氣含量越來越高會產生什麼結果呢？一旦含量達到了極限，水蒸氣就會變回水滴。「一立方公尺空氣」所含的最大水蒸氣量稱為「飽和水蒸氣量」，天氣預報中常說的「溼度百分之五十」，意指「空氣中的水蒸氣含量達飽和水蒸氣量的一半」。

飽和水蒸氣量會隨著氣溫變化而增減，氣溫越高，水蒸氣含量就越多。

這就是裝了冰水的玻璃杯外會產生水滴的原因。玻璃杯附近的空氣溫度較低，使水蒸氣變回水滴。往上升的空氣變成雲也是基於相同原理。高空冷空氣的水蒸氣飽和量會降低，水蒸氣過多即變回小水滴（雲凝結核）。

插圖／加藤貴夫

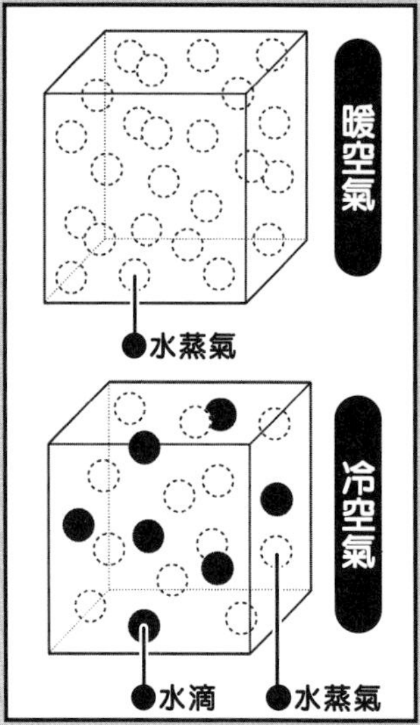

▲空氣變冷與變暖一樣，水蒸氣飽和量會降低，使得水蒸氣變回水滴。

相對溼度的計算方式

利用下列算式即可算出溼度多少。由於飽和水蒸氣量會因溫度改變，因此一定要測量氣溫以及空氣中含有的實際水蒸氣量等數據，才能算出正確答案。

$$相對溼度 = \frac{實際水蒸氣量}{該溫度的飽和水蒸氣量} \times 100$$

插圖／佐藤諭

氣溫較高但溼度較低的環境讓人感覺涼爽的理由是？

一般來說，台灣的夏季相當悶熱。悶熱係指氣溫高且溼度高的狀態。國外許多地區的溫度與台灣一樣高，但是待起來卻相對舒適，差別就在「溼度」。

溼度較高代表空氣中的水蒸氣量較多，人處在含水量較高的空氣環境中不易出汗，相反的，待在溼度較低的乾空氣中，汗水就會不斷蒸發。液體變成氣體需要能量，汗水會從肌膚帶走熱氣，利用此能量蒸發（這個現象稱為「汽化熱」），讓汗水帶走身上熱氣的人體就會感覺清涼。這個道理就像在路上潑水，可以讓四周感覺涼爽一樣。

利用氣溫與溼度算出不適指數人在多少數值下會感到不舒服？

不適指數是以具體數字呈現悶熱度，這項指數誕生於將近六十年前的美國，將氣溫和溼度套入特殊計算公式中就能導出數值。由於計算過程並未考慮風的影響，因此不一定符合真實體感（風速每秒增加一公尺，體感溫度約下降一度），不過，仍可作為參考數值之一。

請參照左方表格，指數超過八十時，幾乎所有人都會感覺不舒服。這個數值是由氣溫二十九度、溼度百分之七十計算出來的，在這個狀態下確實會令人煩躁不已。

不適指數

指數	狀態
54 以下	寒冷
55 ～ 59	微涼
60 ～ 64	沒有任何感覺
65 ～ 74	舒適
70 左右	很舒適
75 ～ 79	微熱
80 ～ 84	熱到出汗
85 以上	熱到受不了

※ 不適指數的計算公式之一為：
$0.81T + 0.01U(0.99T-14.3)+46.3$
（註：T 為氣溫、U 為溼度）

逃出地球計畫

漫畫、點心、還有做了一半的模型……
再帶一些泡麵好了。
幹嘛這麼慌張啊？
我在準備搬家啊！搬家！
你看看這本書！我沒有辦法再繼續待在這種可怕的地方了。
即将滅亡的地球
上面寫著未來石油會被挖光、人口也會急速增加，到時候冰河期和大地震一來，地球就會滅亡了。
即將滅亡的地球

百變天氣放映機Q&A

Q 大氣含氧比例從地表到幾公里高空皆相同？①八公里 ②八十公里 ③八百公里

A ②八十公里。大氣含氧比例從地表往上八十公里的高空處皆相同，不過，越往上空氣越稀薄。

Q 大氣是讓地球天空呈現藍色的原因。這是真的嗎？

※跳躍

哇啊！跳過頭啦！
這裡的引力很小，得小心點才行啊。
如果要住在那顆星球上，得費一番工夫改造才行。
誰叫它什麼都沒有。
首先必須有水。
ザァー
※水聲
我們來做個小小海洋吧！
等做好海洋，再來造山。
然後讓天空飄幾朵雲，讓它偶爾可以下雨……
也要種一些花草樹木吧。
過一陣子，也可以讓小動物住在那裡。

A 真的。陽光裡波長最短的藍光最容易受到大氣分子散射，讓天空看起來是藍色的。

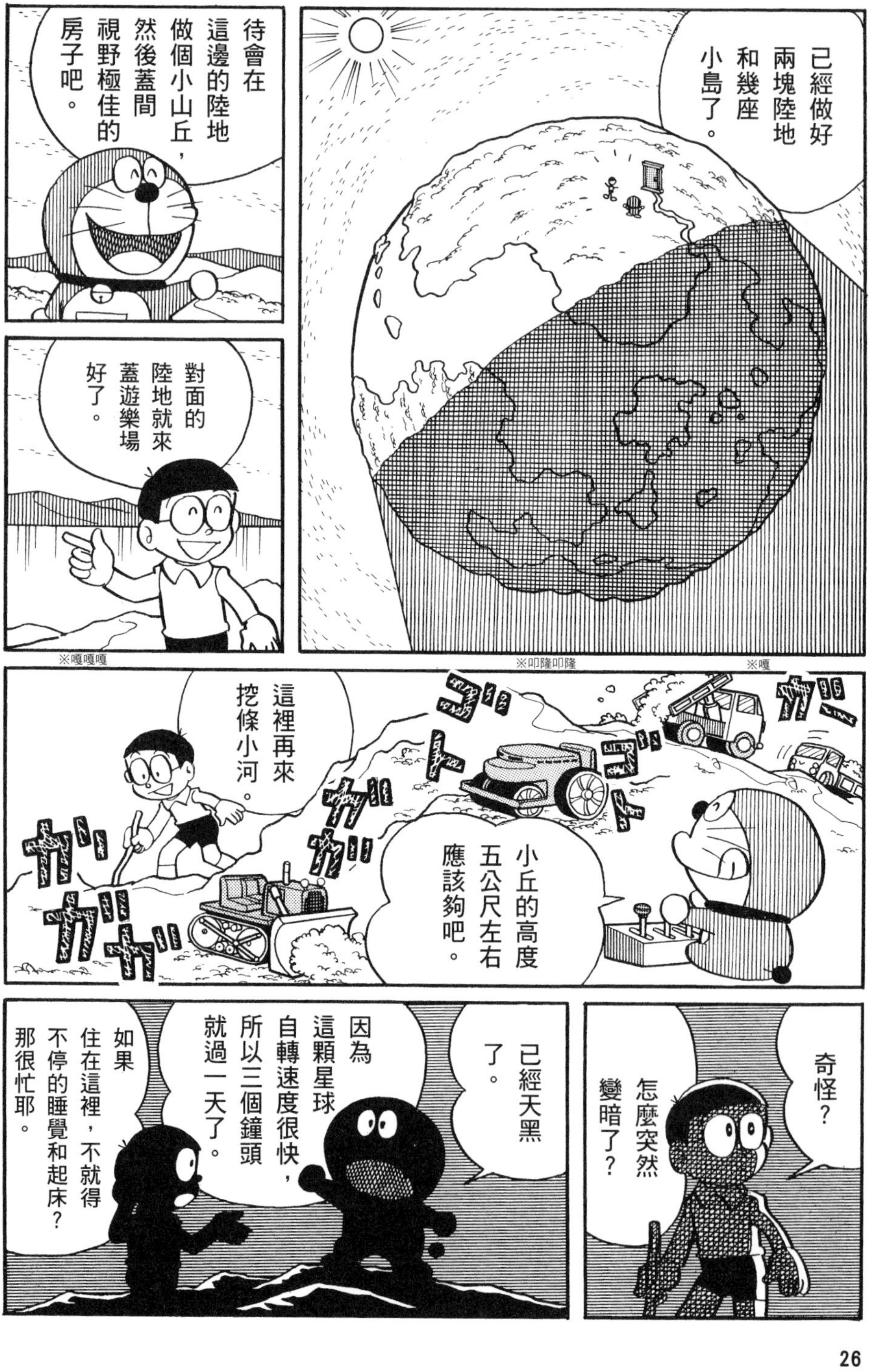
已經做好兩塊陸地和幾座小島了。
待會在這邊的陸地做個小山丘，然後蓋間視野極佳的房子吧。
對面的陸地就來蓋遊樂場好了。
※嘎嘎嘎
※叩隆叩隆
※嘎
小丘的高度五公尺左右應該夠吧。
這裡再來挖條小河。
奇怪？怎麼突然變暗了？
已經天黑了。
因為這顆星球自轉速度很快，所以三個鐘頭就過一天了。
如果住在這裡，不就得不停的睡覺和起床？那很忙耶。

百變天氣放映機Q&A

Q 地球何時開始出現光合作用，產生氧氣？①二十七萬年前②兩千七百萬年前③二十七億年前

發電裝置做好之前，先從家裡拉延長線吧！
我把空地的樹木拔過來了。
我也來。
就算是雜草，有也總比沒有好。
ドタドタ
バタバタ
※啪噠啪噠
不可以在走廊跑來跑去的。
看起來完全不一樣了。
太陽又升起來了耶。
這可是我們花了一整晚辛苦工作的成果。先休息一下，吃碗泡麵吧。
我去把瓦斯拉到這裡來煮吧！
ドタドタ
※咚咚咚
你們到底在幹什麼啊？

A ③二十七億年前。科學家從二十七億年前的化石中，找到由製造氧氣的藍綠菌遺留下來的疊層石。

百變天氣放映機Q&A

Q 每年幾月臭氧層會遭到破壞，形成「臭氧層破洞」？

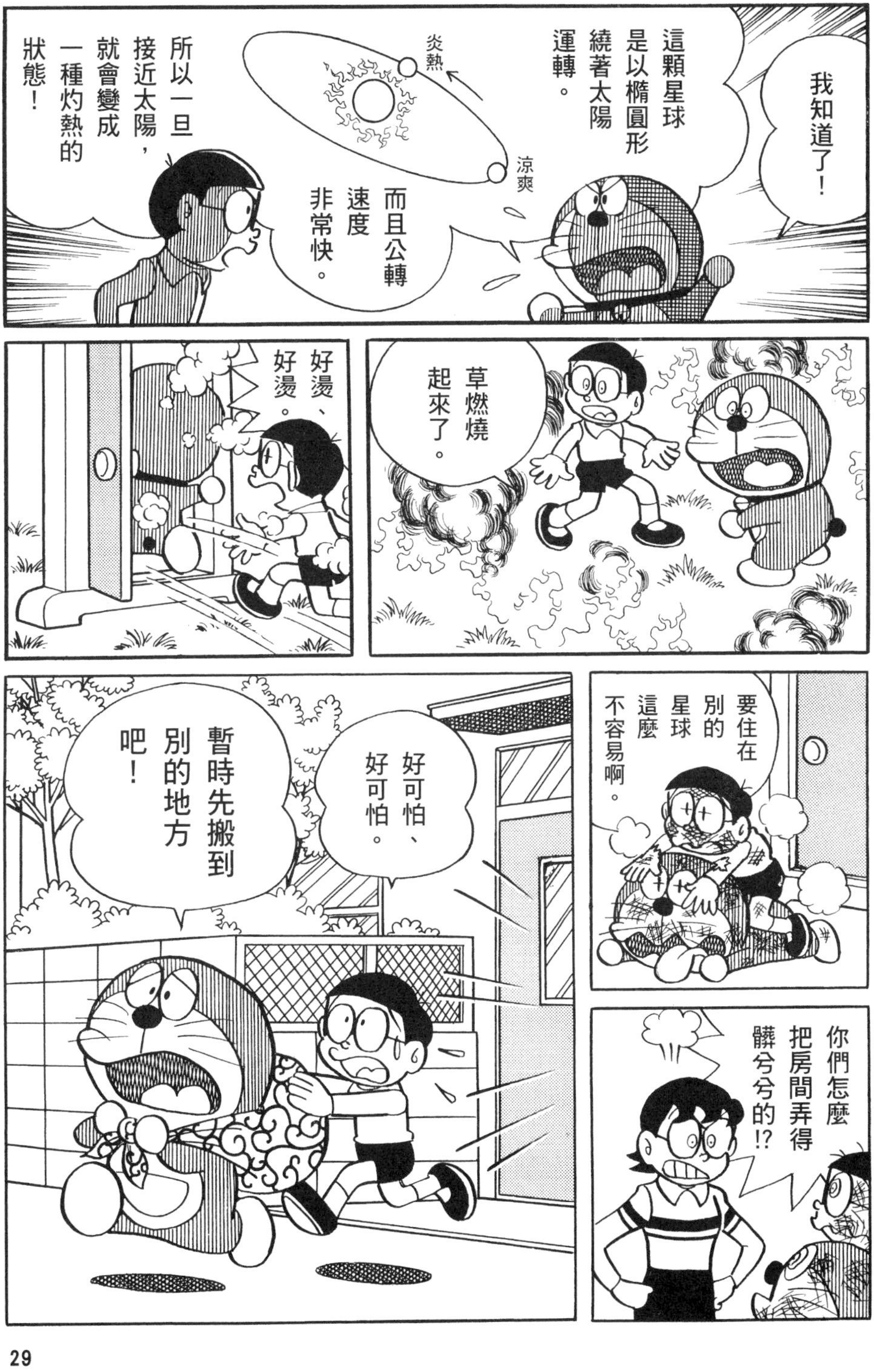
我知道了！
這顆星球是以橢圓形繞著太陽運轉。
炎熱
涼爽
而且公轉速度非常快。
所以一旦接近太陽，就會變成一種灼熱的狀態！
草燃燒起來了。
好燙、好燙。
要住在別的星球這麼不容易啊。
好可怕、好可怕。
暫時先搬到別的地方吧！
你們怎麼把房間弄得髒兮兮的!?

A 九月。南極上空的雲會在冬天附著臭氧與氯，一到九月（南極的初春時期）受到太陽照射，臭氧層就會遭到破壞。

眼睛看不見的「大氣」究竟是什麼？

大氣是由哪些物質形成的？

大家知道空氣是由哪些物質形成的嗎？地球的空氣參雜著氮、氧、氬、二氧化碳、水蒸氣等各種氣體，隨著風與氣流不斷流動，因此重量較重的空氣不會堆積在下方。除了水蒸氣之外，在高度八十公里以下的空間裡，各種氣體的濃度比例皆相同。覆蓋在天體上的氣體稱為「大氣」，其質地與地球上的空氣一樣，驚人的是，覆蓋地球的大氣重達五千三百兆噸。

插圖／佐藤諭

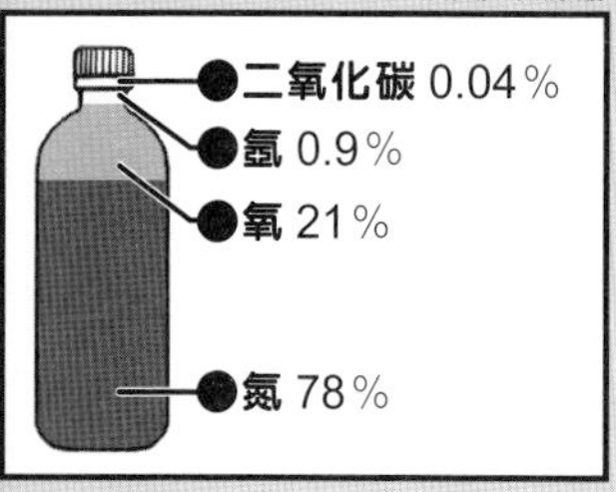

▲水蒸氣之外的地球大氣成分。實際為混合氣體，並未分離。

若大氣從地球上消失，不僅所有生物無法呼吸，地球上的溫度不再適合生物生存，也不會產生雨和風等自然現象。大氣對我們的重要性不言可喻。

地球的天空有四層構造？

每個人都知道登山時越往上走氣溫越低，因此即使在夏天也會穿長袖登山。高度越高、氣溫越低的原因在於，地表的暖空氣在往上升的過程中膨脹變冷。

不過，事實上氣溫並非隨著高度升高持續下降。一旦超過某個高度，就會遇到越往上氣溫越高的區段（層）。以溫度變化的差異來區分，地球的大氣可分成四層。

從地表到高度十一公里左右的區段稱為「對流層」，每往上一百公尺氣溫就會降低攝氏零點六五度。大氣的八成都在對流層裡，雨、風、雲、雷等絕大多數自然現象也發生在這個區段。

對流層往上至五十公里處為「平流層」，在此區段中，高度越高氣溫就會隨之上升。由於平流層幾乎無風也沒有氣流，狀態十分穩定，噴射機有時會往上飛到平流層的高度。此外，臭氧層集中於平流層，可阻斷從外太空照

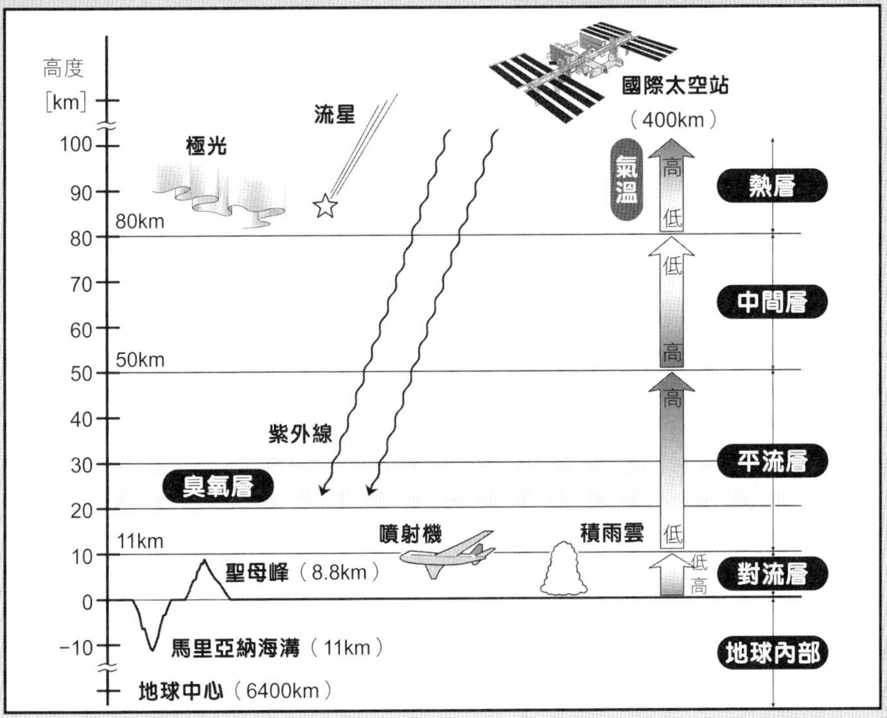
高度
[km]
100
90
80
70
60
50
40
30
20
10
0
-10
極光
流星
國際太空站
（400km）
80km
50km
11km
紫外線
臭氧層
噴射機
積雨雲
聖母峰（8.8km）
馬里亞納海溝（11km）
地球中心（6400km）
氣溫
高
低
熱層
中間層
平流層
對流層
地球內部
插圖／加藤貴夫

射下來的紫外線。

不過，人類為了提升生活便利性研發出的氯氟烴，成為破壞臭氧層的元凶，因此目前世界各國皆積極禁止使用氯氟烴。

高度五十公里以上的區段為「中間層」，氣溫在此區段又恢復到越往上越低的狀態。

最後，高度八十公里以上的區段稱為「熱層」，越往上氣溫越高。此處的大氣量只有地表的十萬分之一，不過空氣中的氧原子和氮原子與外太空照射下來的輻射線產生反應，形成美麗的極光。

大氣會隨著高度越高變稀薄，很難清楚界定外太空與地球的界限，若以太空旅行為基準，一百公里以上可說是外太空的範圍。

▼分子會在臭氧層分離合併，不只是強度較弱的紫外線，較強的紫外線也能吸收。

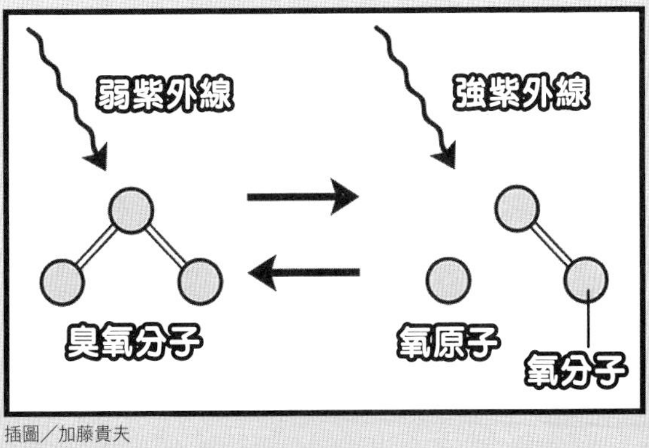
弱紫外線
強紫外線
臭氧分子
氧原子
氧分子
插圖／加藤貴夫

空氣會互相擠壓？

「氣壓」代表空氣往外擠壓的力量，其生成原理是……

空氣分子不斷四處流竄，碰到旁邊的物質就會產生擠壓力。一氣壓相當於在一公分見方的空間中，放上一點零三公斤的砝碼所產生的壓力，換算成國際單位百帕（hPa），即為一千零一十三點二五百帕。人體會以相同力道抵抗氣壓，這就是我們處於如此強大的壓力之下，卻毫髮無傷的原因。

空氣變暖就會變輕，開始往上升，使得該處的空氣分子越來越少，氣壓下降。這種現象稱為低氣壓，周遭空氣會往低氣壓處流動。相反的，空氣變冷就會變重，逐漸往下沉，於是產生高氣壓，讓空氣往外流動。

一般來說，空氣在地表變暖，在高空變冷；即使同為地表，平地、高山與大海等不同場所的空氣，加溫方式皆不同，早晚溫度也不一樣。因此，許多地方都會產生高氣壓與低氣壓，促進空氣流動。

插圖／佐藤諭

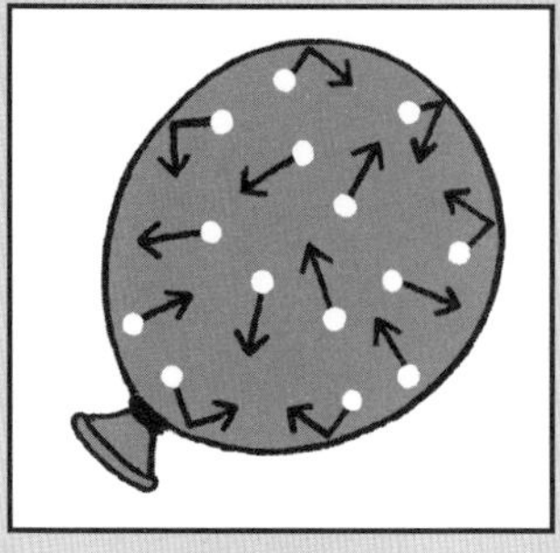

◀空氣分子往四面八方流竄，碰撞到四周物體便產生力道。

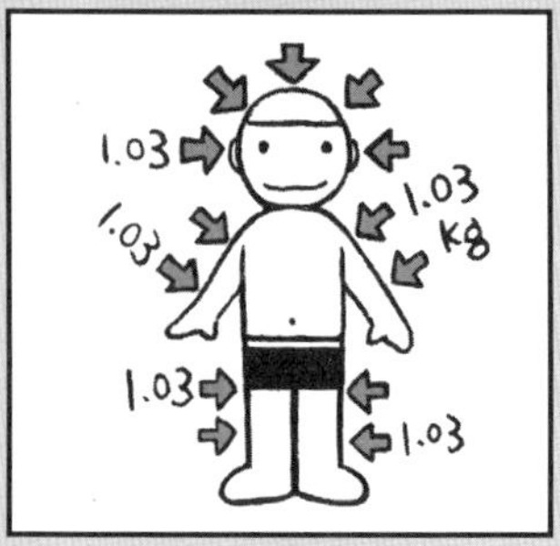

◀當人的身體處於一氣壓的大氣中，會受到大氣壓力擠壓。

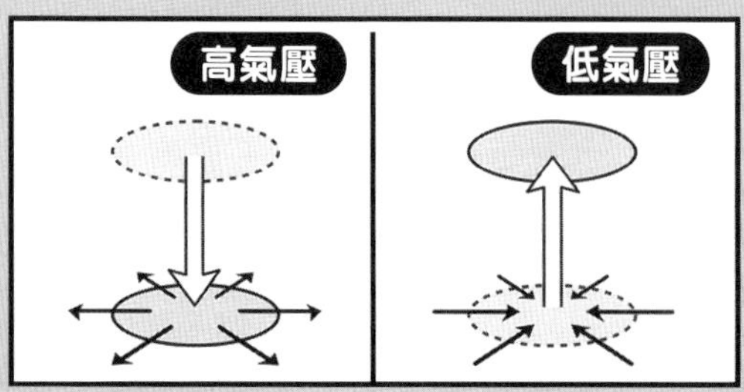

◀空氣從高空往下沉，流向四周，即為高氣壓；當空氣往上升，吸引四周空氣流入，即形成低氣壓。

插圖／加藤貴夫

影響日本天氣的四大高氣壓？

日本四季分明，每個季節都會出現各種氣候現象，這些現象皆起因於日本列島附近的四大高氣壓。

大海氣溫比陸地穩定，不容易變暖或變冷。每到日照時間較長的春季到夏季，鄂霍次克海的氣溫就會比四周陸地低，產生「鄂霍次克海高壓」，最常發生在六到七月間。通常一到夏天就會消失，但有時進入夏天還會持續高氣壓狀態，便為日本帶來冷夏氣候。

插圖／加藤貴夫

▲存在於日本列島四周的四大高氣壓，深深影響著日本的四季變化。

赤道附近的空氣較溫暖，不斷往上升，到了高空就會冷卻，往下沉至緯度三十度附近的地表處，產生「太平洋高壓」。雖說空氣會在高空冷卻，但太平洋高壓實際發生的地點是在亞熱帶海域上，因此溫度相對溫暖，而且一年四季都不會消失，以夏季最為發達，一直來到日本南邊。

另一方面，黑潮暖流流經日本與中國大陸海域，使得該處海域的溫度比陸地高。在此情形下，溫度比海面低的陸地產生高氣壓，接著受到西風帶牽引，移動到日本，稱為「移動性高壓」。

最後一個高氣壓發生在俄羅斯西伯利亞地區，該處陸地較冷，空氣溫度也較低較重，形成「西伯利亞高壓」。最常發生在冬天，造就日本冬季的嚴寒氣候。

由此可見，位於日本四周的四大高氣壓，會在不同季節影響日本列島的天氣。每當季節變換之際或是在看天氣預報時，不妨想想看，現在影響日本的是哪一個高氣壓？

特別專欄

春秋兩季的天氣為什麼多變？

當中國大陸在春秋兩季形成移動性高壓，就會在附近海域產生溫帶低氣壓，低氣壓受到西風帶牽引，來到日本列島。在移動過程中，還會從溫暖的黑潮吸收熱氣和水蒸氣，形成對流旺盛、雲層較厚的狀態。這就是春秋兩季天氣多變的原因。

由於秋季很難持續一整週的好天氣，因此有人以「女人心像秋季天空」這句話，比喻戀愛中變化莫測的女人心。

大氣是人類賴以生存的重要關鍵？

大氣原來對人類如此重要！

由於地球表面覆蓋著一層大氣，讓日夜溫差能夠維持在幾十度的範圍內，建構出適合生物生存的環境。當陽光接觸到大氣中的分子，就會往四面八方反射，形成藍天或夕陽等美麗景緻。大氣中含有的水蒸氣也會形成雨和雲。

像月亮這類沒有大氣覆蓋的天體，白天氣溫可達到一百一十度，晚上則降至零下一百七十度，溫度變化相當劇烈。從月亮的照片即可得知，在沒有大氣覆蓋的狀況下，既沒有藍天也沒有白雲，白天可以清楚看見外太空模樣。

插圖／佐藤諭

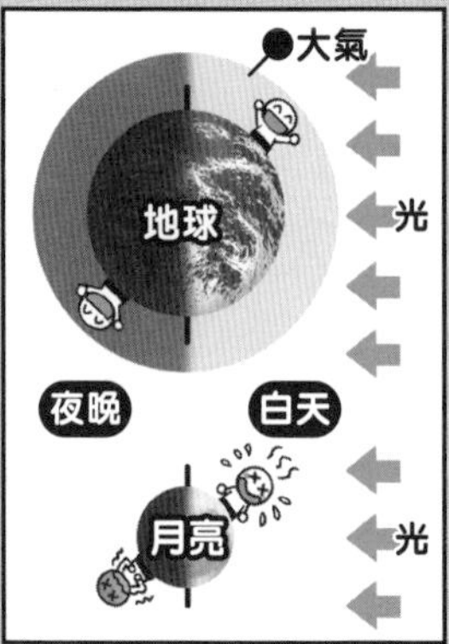

▲地球在大氣覆蓋之下，早晚溫差較小。

話説回來，並非只要有大氣就好。金星的大氣幾乎全是二氧化碳，氣壓更高達地球的九十倍。因此，金星地表附近的氣溫約為五百度，天上的雲也是由腐蝕物質硫酸組成，若是接觸人體後果將不堪設想。

火星大氣也以二氧化碳居多，而且大氣分量只有地球的百分之零點六，水會直接從固態變成氣態，火星上不存在液態的水。

綜合以上內容，相信大家都發現了吧？多虧地球的大氣，我們才能活得如此舒適愉快。話説回來，地球剛誕生時，也曾覆蓋在最大三百氣壓的水蒸氣與十氣壓的二氧化碳之下。後來逐漸形成海洋，演化出可以製造氧氣的生物，一步步建構出目前的大氣狀態。

▼從月亮上看到的地球。由於月亮沒有大氣，白天也能清楚看見外太空。

出處／NASA

愛斯基摩精華液

好熱喔。
真是熱啊。
要是你也覺得熱，就趕快想想辦法啊？
你明明就有各種未來道具，
一定有辦法變涼的不是嗎？
我的確有可以變涼的道具，但是不能隨便亂用。
夏天會熱是理所當然的。
偶爾也必須流點汗。
我去外面吹風。
我聽到一件很有趣的事喔。

百變天氣放映機Q&A

Q 下列天氣預報中，何者真實存在？①宇宙天氣預報 ②深海天氣預報

A ①宇宙天氣預報。太陽產生的「磁暴」會影響GPS與人造衛星，科學家觀測磁暴的活動狀態並發出預報。

什麼事那麼有趣啊？
我老爸說他在年輕時，常常玩「忍耐大賽」喔。
忍耐大賽？
比如說穿很多層褲子、衣服、外套等，然後進入開著暖爐的房間，吃著熱呼呼的烏龍麵。
能夠忍到最後的人就獲勝。
天啊～光聽就覺得快要昏倒了。
別這麼沒種。
怎麼可以輸給以前的人，我們也來玩吧！
大家回去穿得厚厚的，到我家集合！
咿～
哆啦A夢～
現在就已經熱得受不了。
要是玩忍耐大賽會死人的啦!!

你不想試試看自己的能耐嗎？
完全不想!!
第一個認輸的人，一定會被大家笑死的。
真是的。
「愛斯基摩精華液」。
瓶子裡飄著雪耶。
你先喝一口看看吧！
※吸
チュー
チュー
我已經喝了…可是沒什麼變化。
還覺得熱嗎？
當然熱囉！好熱好熱。
等等……是我的錯覺嗎…好像變涼快了。
這是從嘴巴喝下的冷氣裝置。
只要說一次「好熱」，就可以感覺到氣溫降低三度。
你說了三次，所以就降低了九度。

百變天氣放映機Q&A

Q 幾十億年後照射至地球的陽光會產生何種變化？①變弱 ②與現在一樣 ③變強

A ③變強。太陽將越變越大，其熱氣蒸發地球水分，使地球越來越乾涸。

那再來試一下。
好熱、好熱、好熱、好熱。
你說太多次了。
好冷!!
說五次就是十五度，再加上剛剛說的總共二十四度。
今天的溫度是三十一度，所以相減就是……七度了。這樣穿短袖當然會冷啊。
提高一下溫度吧！
沒有辦法。
在藥效期間，是無法提高溫度的。
你只好多穿一點了。
我穿五件，頭都開始昏了。
我也穿了五件。
真的要比嗎？
當然啦。
大雄怎麼沒來？
他一定是嚇得躲起來了。
那個傢伙!!

讓你們久等了。
啊!!
很好，有骨氣。
那就趕快開始吧！
※熱氣上升
我的房間會西晒還把房間門窗關得緊緊的。
カーッ
ムン
ムン
ムン
這根本是地獄!!
※悶熱
不過，反正第一個倒下的一定是大雄。
第一個倒下的人就罰錢怎麼樣？
好啊，這個主意不錯。

百變天氣放映機Q&A

Q 下列何者是地球歷史上真正出現過的氣候變遷？①海水變淡水 ②地球變成一團雪球 ③大氣消失

A ②地球變成一團雪球。科學家認為地球歷史上曾經出現過三次「雪球地球」狀態。

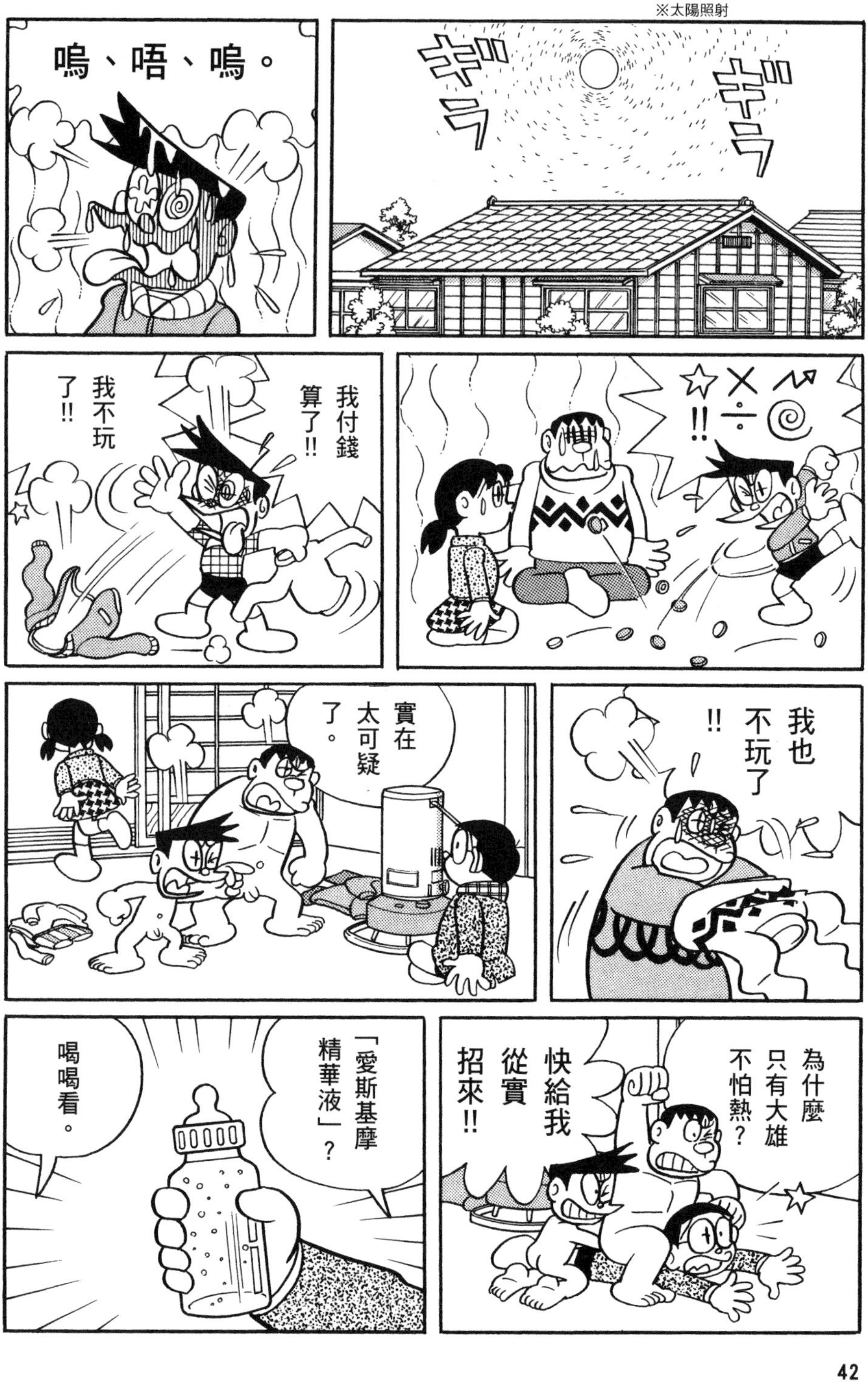
※太陽照射
ギラギラ
ギラギラ
嗚、唔、嗚。
我付錢算了!!
我不玩了!!
我也不玩了!!
實在太可疑了。
為什麼只有大雄不怕熱？
快給我從實招來!!
「愛斯基摩精華液」？
喝喝看。

百變天氣放映機Q&A

Q

在地球上最熱的地方，只要將平底鍋放在地面就能煎荷包蛋。這是真的嗎？

A 真的。這是發生在美國死亡谷國家公園的事情，有人將相關影片上傳至網路，引起許多人爭相模仿。

※尖叫

因爲太陽，地球才有如此豐富的氣候變化！

太陽是地球的能量來源

拜太陽所賜，我們才得以在地球上孕育生命，繁衍子孫。

陽光照射植物產生光合作用，進而製造出人類生存必須的氧氣與碳水化合物。

太陽給予地球的能量，為地球帶來了風、洋流、雲以及雨。

太陽距離地球大約有一億五千萬公里，地球究竟是以什麼樣的方式，接收到從如此遙遠的地方所傳送過來的能量，並且加以運用呢？

出處／NASA

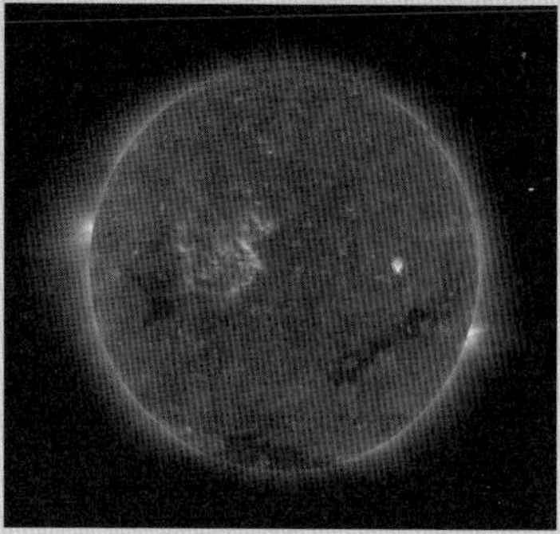

▲ 從人造衛星拍攝的太陽，它是一個巨型的能源體。

事實上能量就是太陽釋放出的電磁波

我們感受到的太陽能量是「光」，事實上，太陽給予我們的不只是光，還有紫外線與紅外線。

紫外線與紅外線稱為「電磁波」，光也是電磁波的一種，而且是眼睛看得見的電磁波，因此光又稱為「可見光」。

電磁波擁有能量，每當接觸到物體，能量就會轉變成熱。舉例來說，當你伸手接近烤箱時會覺得熱熱的，原因在於烤箱所釋放出的紅外線接觸到身體後，轉變成了熱能。另外，夏季的強烈日光中含有紫外線，紫外線擁有的能量照射到肌膚就會對細胞造成破壞，形成「晒傷」狀態，使肌膚變黑。

同樣的道理，太陽從一億五千萬公里外照射整個地球，對地球釋放出電磁波，給予地球需要的能量。

插圖／加藤貴夫

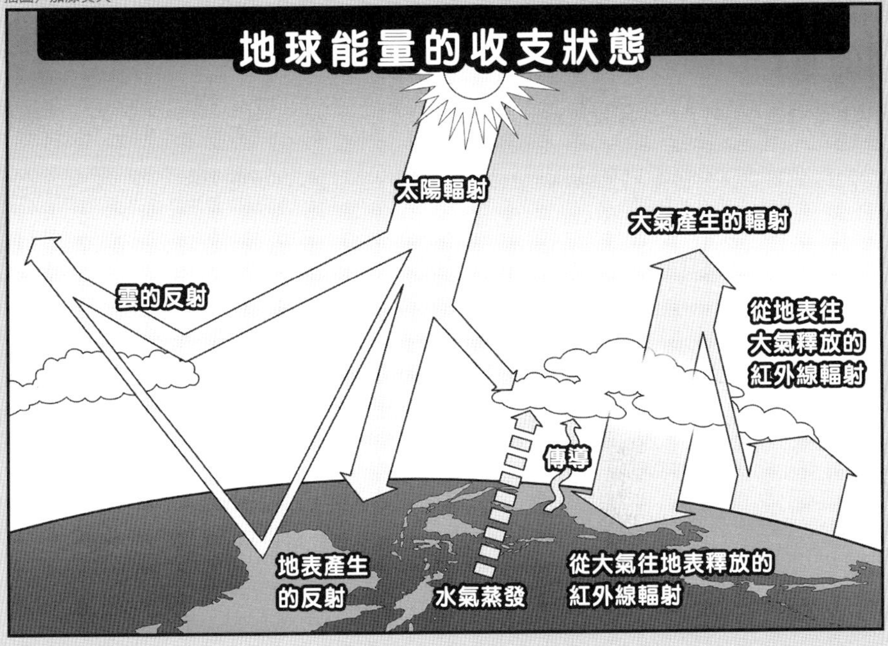

地球能量的收支狀態
太陽輻射
雲的反射
大氣產生的輻射
從地表往大氣釋放的紅外線輻射
傳導
地表產生的反射
水氣蒸發
從大氣往地表釋放的紅外線輻射

吸收紅外線的大氣維持地球氣溫

太陽釋放出的電磁波中，紫外線會被臭氧層吸收，紅外線則被大氣中的分子和雲吸收，傳遞至地表的光線只剩可見光，也就是我們看見的光。

地表吸收的可見光會溫暖地面，轉化成紅外線往外輻射。這個作用機制讓整個地球免於囤積多餘能量，維持一定溫度。

值得注意的是，傳遞至地球的「可見光」在反射回大氣時，會轉變成「紅外線」。

往大氣輻射的紅外線被大氣和雲吸收，不會飄散到外太空，讓地表附近維持攝氏十五度的均溫。若沒有這項保溫效果，地表溫度將非常低。

大氣像「溫室」一樣包覆地球

▲大氣和雲就像玻璃屋一樣，將照射進來的陽光熱能鎖在屋內。

插圖／佐藤諭

地球變暖與變冷的原因

不過實在是太熱了。

地球形狀造就「南極」、「北極」與「季節」

地球從太陽接受到的能量多寡，以及地球本身呈現為球型的外觀，造就了南北極般的寒冷地區，以及赤道附近的酷暑地帶。

插圖／加藤貴夫

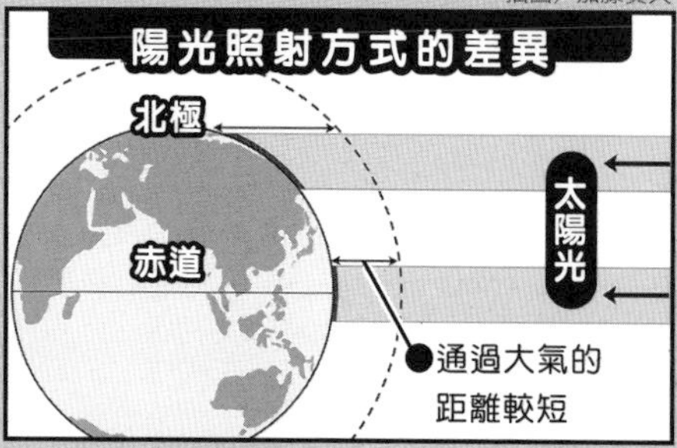
陽光照射方式的差異
北極
赤道
太陽光
通過大氣的距離較短

▲ 赤道附近接收到的能量比北極附近多，由於太陽比地球大很多，照射至地球的光線為平行線。

上面的插圖清楚說明了，太陽光照射到赤道與北極附近的差異。

傳遞至地球的太陽能量，離赤道越遠時，通過大氣的距離就越長，很容易散射或被其他物質吸收。此外，陽光在南北極的入射角較淺，加上面積較廣，因此容易分散能量。

如左圖所示，如果將照射至地表的陽光想像成等距離線條，入射角度越淺，照射到的光線數量變少，從太陽接收的能量也就跟著變少。

地球從陽光接收的能量多寡，造就了四季的變化。「冬至」就是一整年日照最短且太陽高度最低的一天。相反的，日照時間最長的「夏至」則是太陽最高的時候。

插圖／加藤貴夫

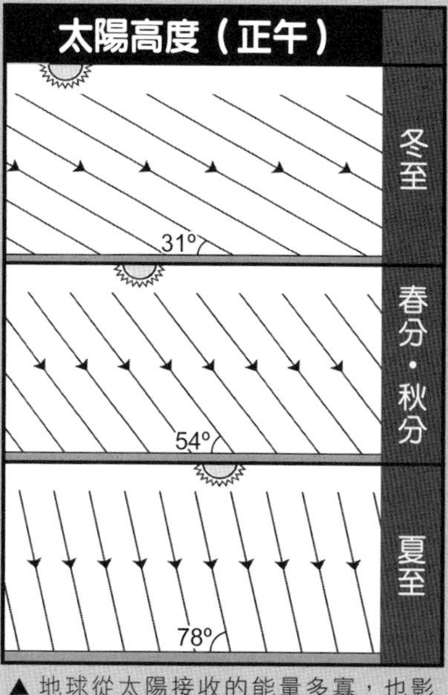
太陽高度（正午）
冬至
31°
春分・秋分
54°
夏至
78°

▲ 地球從太陽接收的能量多寡，也影響了四季的變化。

插圖／加藤貴夫

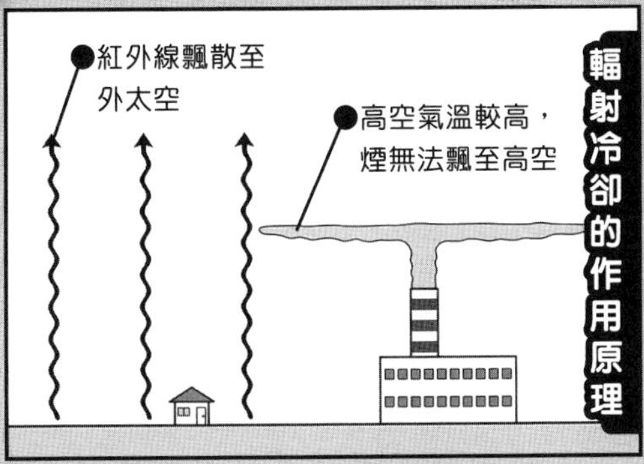
輻射冷卻的作用原理
紅外線飄散至外太空
高空氣溫較高，煙無法飄至高空

▲紅外線輻射使得地表與地表附近的溫度下降，比高空溫度更低。

「輻射冷卻」效應使黎明氣溫變低

有時明明白天日照強烈，感覺溫暖，入夜之後氣溫卻驟降，相當寒冷。這樣的氣溫變化來自於「輻射冷卻」效應。輻射冷卻與地表的紅外線輻射（請參閱第四十五頁）息息相關。

白天地球從太陽接收到的能量大於從地表發出的紅外線輻射量，因此氣溫上升。當太陽西下後，地球無法從太陽接收能量，此時從地表發出的紅外線輻射量變大，氣溫持續下降，一直到第二天太陽升起為止。

當大氣中的水蒸氣以及雲變少，溫室效應的作用就會降低，輻射出來的紅外線便飄散到外太空。有鑑於此，遇到溼度較低，可清楚看見星空的日子，氣溫就會下降得更快。

沙漠地區的降雨量較少，氣候十分乾燥，溫室效應無法充分發揮作用，促進輻射冷卻現象，因此早晚溫差可達三十度。

特別專欄

日本的最高氣溫出現在哪裡？

日本的最高氣溫出現在 2013 年 8 月，高知縣四萬十市江川崎創下 41℃的高溫紀錄。在此之前的最高溫紀錄，是由埼玉縣熊谷市和岐阜縣多治見市的 40.9℃所創下。這三個市皆位於內陸，由於海邊的涼風不容易吹進內陸地區，因此夏季經常處於高溫狀態，再加上乾熱空氣從山上往下吹所引起的焚風現象，更讓氣溫直線飆升。

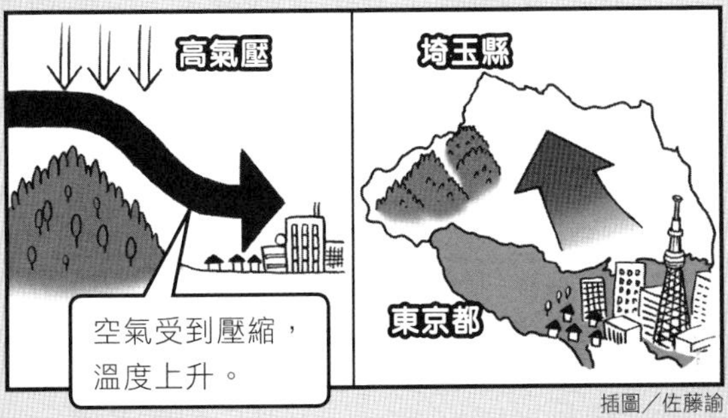
高氣壓
空氣受到壓縮，溫度上升。
埼玉縣
東京都

插圖／佐藤諭

太陽活動的變化深深影響地球氣溫？

又變冷了。

地球的平均氣溫未來可能會下降？

人類製造各項商品的生產活動所排出的二氧化碳，強化了地球的溫室效應，使得全球平均氣溫升高，這是大家都知道的事實。

不過，在未來的世界裡，二氧化碳是否仍然會持續造成地球氣溫的提升呢？關於地球未來的氣候，科學家們提出了各種不同的預測。

每次抬頭欣賞太陽，就會看到它高掛在天空中閃耀著燦爛光輝。事實上，太陽活動並非恆常不變。研究發現從過去到現在，它的活動力不斷重複強弱循環。太陽活動力較低的時期稱為「極小期」。根據十七世紀留下的文獻資料，當時世界各地的湖泊河川紛紛結凍，冰河面積持續成長，科學界將此時期命名為「蒙德極小期」。

另有研究顯示，類似的太陽活動極小期也在幾十年後再次出現，導致地球平均氣溫下降的結果。

話說回來，倘若極小期再次降臨，也無法肯定會對地球氣溫造成影響。

地球的氣候變動是由各種自然現象構成，很難精準預測。衷心期待最新技術蓬勃發展，運用在觀測和學術研究上，提升預測的準確度。

出處／NASA

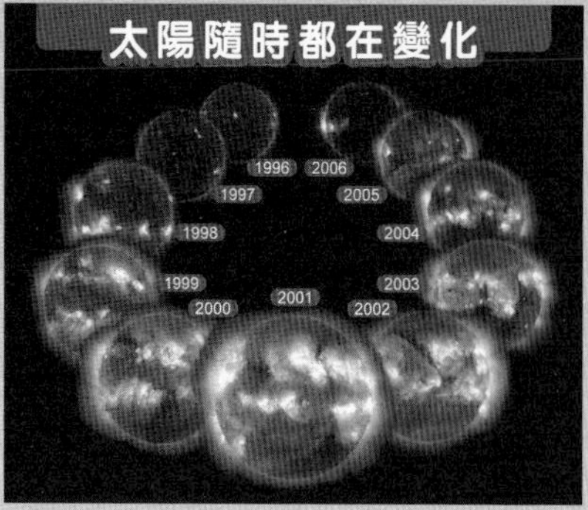
太陽隨時都在變化
1996
2006
1997
2005
1998
2004
1999
2003
2000
2001
2002

▲這是太陽觀測衛星「SOHO」觀測到的太陽狀態。從中可以看出太陽在短時間內隨時都在變化。

地球在極小期會變冷？

▲根據研究顯示，「蒙德極小期」過後幾十年，太陽活動再次進入極小期。

插圖／佐藤諭

迷你熱氣球

Q

大氣移動使得一天時間略有差異。這是真的嗎？

啊～飛行船……
※碰
一點都不稀奇啊。
朝這邊飛過來了。
※咚
コツン
哇!!
是迷你飛行船嗎？
到底是誰……
怎樣？嚇了一大跳吧？
這是小吉哥做給我的。
偶爾玩玩這種悠閒的遙控玩具也不錯吧？

哆啦A夢~
小夫說偶爾玩玩悠閒的…
又來了，我就知道！
你也想要一台對不對？
你怎麼知道？
你就只會來這招啊，一看到別人有什麼東西就想要，是你的壞習慣!!
你說的一點都沒錯，我實在太丟臉了…
可是，我真的很想要一台嘛！
哇啊！又來了。
要是先跟你說就達不到效果……
不過我早就知道會這樣，已經拜託哆啦美了。
不過，這可不是飛行船喔。
我拜託妳的東西有帶來嗎？
帶來了…
要小心使用，不可以弄壞或弄髒喔！
我知道。

A 真的。受到大氣、海洋分布變化、海水潮汐（漲潮退潮）影響，一天的時間每天都在變化。

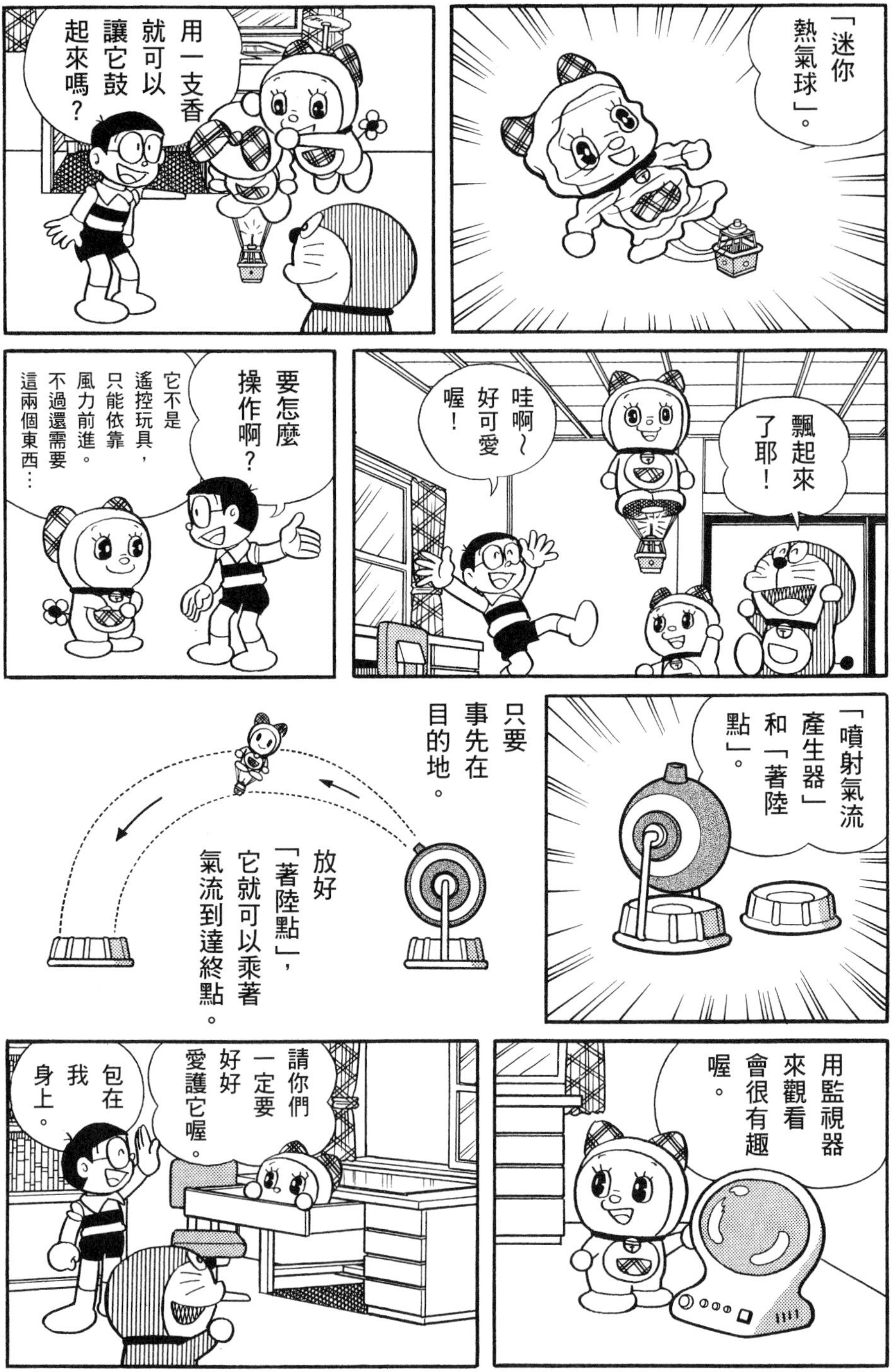
「迷你熱氣球」。
用一支香就可以讓它鼓起來嗎？
飄起來了耶！
哇啊～好可愛喔！
要怎麼操作啊？
它不是遙控玩具，只能依靠風力前進。不過還需要這兩個東西…
「噴射氣流產生器」和「著陸點」。
只要事先在目的地。
放好「著陸點」，它就可以乘著氣流到達終點。
用監視器來觀看會很有趣喔。
請你們一定要好好愛護它喔。
包在我身上。

Q 地球剛剛誕生時，大氣是如何形成的？①微行星劇烈撞擊 ②海水 ③火山爆發

我們就來橫跨太平洋吧。
你看你，馬上又亂打歪主意了！
靜香打電話找你。
大雄嗎？昨天離開你家的時候，不曉得是不是把胸針掉在你家了？
我把它收得好好的。待會送去給妳。
沒關係！
「著陸點」借我。
你要做什麼？
讓放射氣流吹向靜香家，
用熱氣球將胸針送過去給她。
請你把這個放在房間裡，然後打開窗子。
我的胸針呢？
馬上就送來了，等一下。
？
開始噴射放射氣流。
プシュ
※噴

A ① 微行星劇烈撞擊。微行星含有的物質在撞擊時形成氣體釋放出來。

百變天氣放映機Q&A

Q 金星上也有風，但金星的自轉速度較慢，不會颳起秒速超過二十公尺的強風。這是真的嗎？

看！它乘著氣流飛起來了。
對了，差點忘記把胸針放進去。
要把它送到靜香家去喔。
我們來看監視器吧。
熱氣球慢慢的飛著耶。
感覺好像從雲端眺望地面一樣。
無拘無束的，這東西不錯吧。
感覺心情變得好舒暢喔。
降低氣流的高度看看。

A 假的。雖然金星的自轉速度較慢，但根據探測器的調查結果，曾經出現秒速一百公尺的風。

危險！會被樹枝勾到的。
不用擔心。
啊哈哈，大家都嚇一跳。
你看！我就說吧！
大雄一定又哭著向哆啦A夢要道具了。
他就只會這一千零一招。
仔細瞄準!!
咦……
監視器一片漆黑!!
熱氣球一定遇到什麼狀況了!!

百變天氣放映機Q&A

Q 在一條線上綁一個重物使其搖晃，搖晃軌跡會出現偏移。這樣的單擺裝置稱為……?

A 傅科擺。受到柯氏力（請參閱六十一頁）影響，單擺的搖晃軌跡出現偏移，這是用來證實地球自轉最簡單的方法。

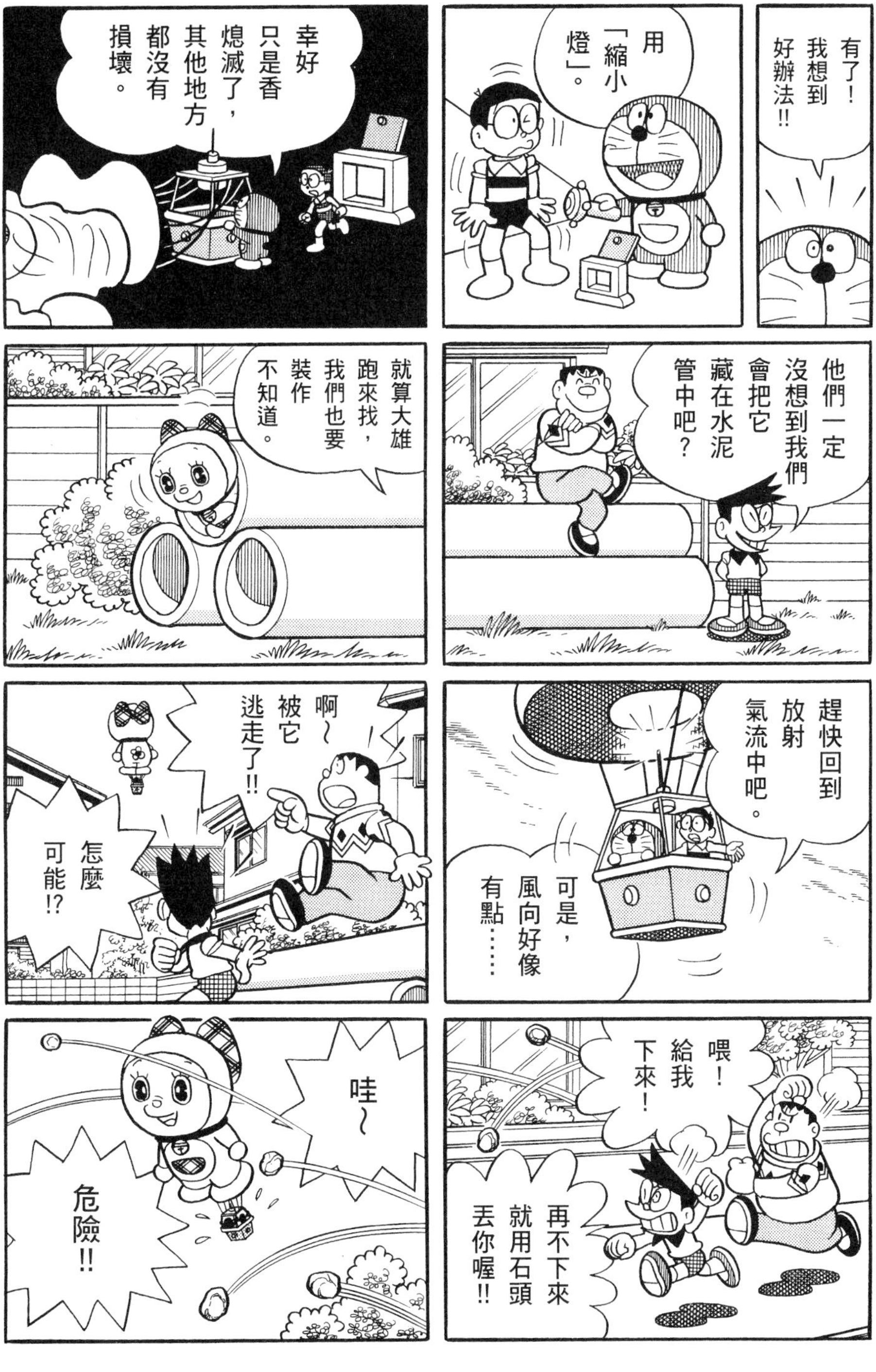
有了！我想到好辦法!!
用「縮小燈」。
幸好只是香熄滅了，其他地方都沒有損壞。
他們一定沒想到我們會把它藏在水泥管中吧？
就算大雄跑來找，我們也要裝作不知道。
趕快回到放射氣流中吧。
可是，風向好像有點……
啊～被它逃走了!!
怎麼可能!?
喂！給我下來！
再不下來就用石頭丟你喔!!
哇～
危險!!

※咖鏘
ガチャン
是誰？
香掉了!!
啊！
ガツン
※鏘
垂直往下掉耶。
因為火熄滅了啊！
嗯…我們掉進垃圾桶裡了。
要是沒有香就飄不起來了。
我找到用了一半的蚊香。
只要點得著，什麼都好啦。
咳咳~咳~
讓妳久等了…
咳~咳~

風究竟是什麼?

氣壓差異與溫度變化是風的形成原因?

空氣移動會形成風。為什麼空氣會移動?事實上,這與氣壓有關。

氣壓較高的地方存在許多氮與氧等空氣分子,氣壓低的地方則較少。分子會從混雜擁擠的地方往空曠處移動,使空氣從氣壓高的地方(高氣壓)流向氣壓低的地方(低氣壓),這就是風的作用原理。

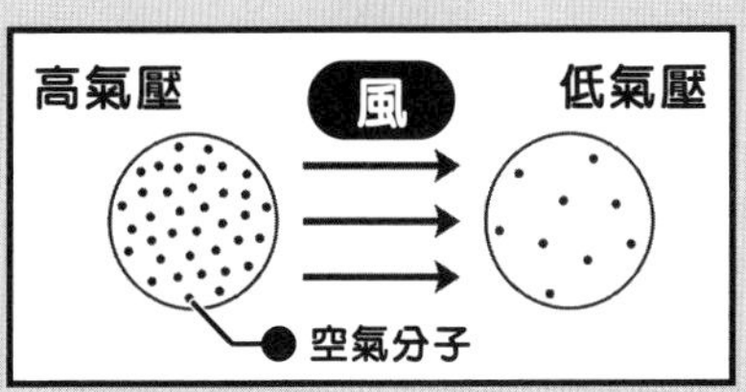

▲空氣分子會從混雜擁擠的地方往空曠處移動。

插圖/加藤貴夫

日本列島四周存在許多低氣壓和高氣壓,根據季節改變風向,不過,有些地方一年四季都吹相同方向的風。

人類生活在地表處,平時不容易察覺,事實上空氣也會朝上下流動。空氣變暖時會膨脹,體積也會變大,這個現象會使其密度比周遭的空氣小,開始往上移動。相反的,位於高空的空氣會變冷,發生收縮現象,體積也跟著變小,進而受到重力影響往下沉。像這樣往上下流動的空氣移動現象通常不稱為「風」,而是稱為「氣流」。

雖然平時不容易察覺,但上升氣流正是形成雲的原因。此外,下沉氣流中威力最強的下衝流不僅會對飛行中的飛機造成危險,接觸地面時也會往四面八方飛散,產生強風。由此可見,氣流可說是我們日常生活中常見的空氣移動現象。

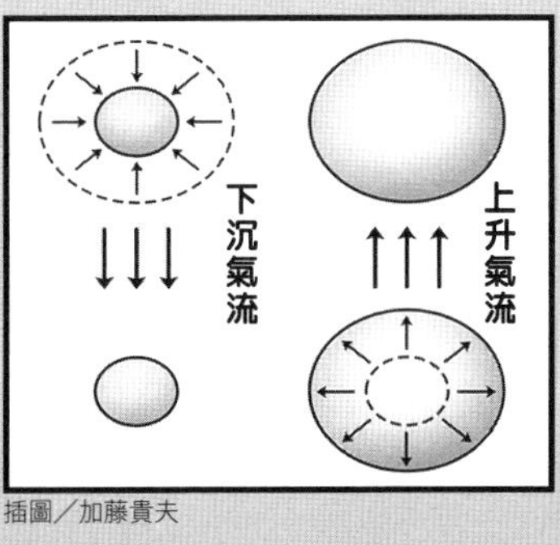

▲溫度變化產生朝上下流動的氣流。

插圖/加藤貴夫

趕快回到放射氣流中吧。
可是，風向好像有點……

大氣在地球上空大遷徙？

有些風會固定往同一個方向吹？

有些地球上方的大氣持續重複相同動作。

赤道附近的空氣接收較多熱能，加溫後上升至對流層與平流層交界處。接著逐漸冷卻，移動至高緯度區，到了緯度三十度附近形成下沉氣流。往下降的空氣再次回到赤道附近。這一連串的空氣流動現象稱為「哈德里環流圈」，流動至地表附近的風則稱為「信風」。

從北極上空觀察就會發現地球往左邊自轉，因此所有物體在北半球產生任何活動，都會受到往右轉的力量影響。這股力量稱為「柯氏力」，大氣流動時也會受到往右轉的力量影響，朝斜前方前進。

從赤道附近移動的部分大氣在越過緯度三十度之後，就會受到柯氏力牽引，由西往東吹，形成西風帶。從日本飛往夏威夷和歐洲國家的飛機也會受到西風帶影響，造成去程與回程的飛行時間不同。風速較快的西風帶稱為「噴射氣流」，在高空處可達每秒一百公尺。西風帶不斷南北來回循環，繞行地球，達到緩和高緯度與低緯度溫差的效果，整個過程稱為「費雷爾環流」。

北極與南極的冷空氣下沉至地表，回到緯度六十度左右的地區。空氣在回到低緯度的過程中逐漸加溫，最後形成上升氣流，又回到極地。這個過程稱為「極地渦旋」，地表附近的風則稱為「極地東風帶」。

插圖／加藤貴夫

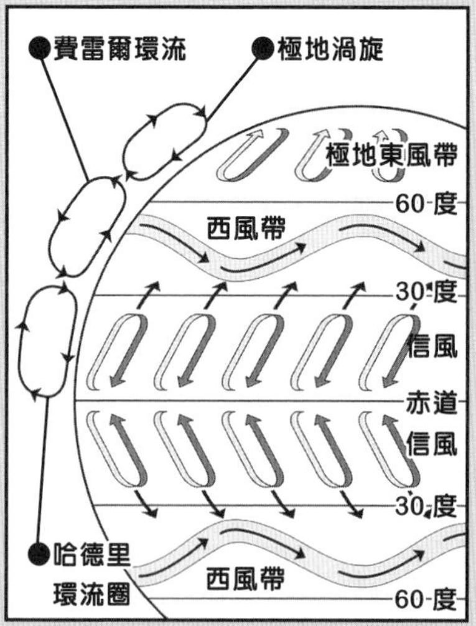

費雷爾環流
極地渦旋
極地東風帶
60度
西風帶
30度
信風
赤道
信風
30度
哈德里環流圈
西風帶
60度

▲上圖為整個地球的大氣流動狀況。從圖示不難看出，北半球與南半球分別受到往右和往左的力量影響，氣流朝斜前方前進。

特別專欄

何謂柯氏力？

「柯氏力」是由立體的旋轉運動所引起，理論艱深比較難理解，在此以簡單的圖示概略做說明。

地球自轉速度在不同緯度上的差異，是產生柯氏力的原因。赤道附近的自轉線速度為時速 1670km，日本東北地方（北緯 40 度）為 1279km。假設赤道上的人向日本東北地方的人投球，原本直線拋出的球，看起來像是往右邊偏移。

插圖／佐藤諭

投球者與接球者以相同速度移動時
接球者速度較慢時

▲ 當接球者的速度較慢，球看起來往右偏移。

大規模的大氣流動對地球造成何種影響？

地球規模的大氣流動稱為「大氣環流」。若沒有大氣環流，赤道會比現在酷熱，極地也會比現在寒冷。

大氣環流影響的不只是地球的氣溫分布，還有地球自轉。在轉動的陀螺上施加力道，旋轉軸就會偏移，這個道理也能套用在地球自轉上。

地球自轉軸偏移地球表面的小幅度運動稱為「錢德勒擺動」，起因於大氣和海洋的運動耦合驅動。不僅如此，當風吹過海面，深度數百公里以下的海水也會跟著流動。這個現象稱為「風成環流」，海水也受到柯氏力的影響往前流動。

大氣流動能使自轉軸偏移，創造洋流，對於地球的影響力由此可見一般。

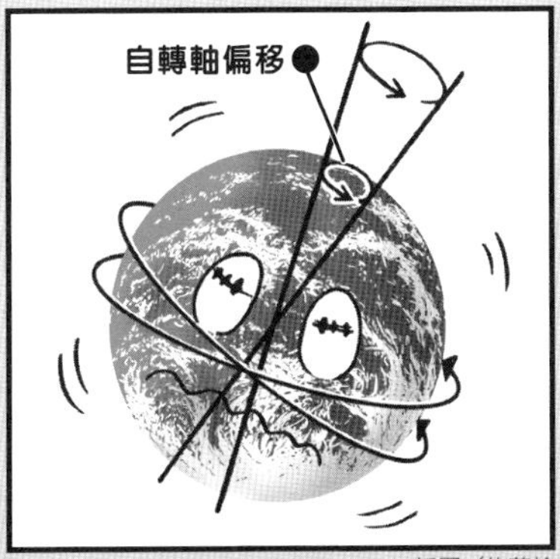
自轉軸偏移

◀受到大氣環流影響，地球像是不穩定的陀螺般自轉。

插圖／佐藤諭

你知道風是如何形成的嗎？

由高氣壓和低氣壓形成的風實際上如何流動？

空氣會從高氣壓往低氣壓移動，形成一般所謂的風，事實上，空氣的流動會受到柯氏力影響，無法直線前進。

柯氏力在北半球是向右偏，所以空氣從高氣壓流出時，呈現順時針方向旋轉；遇到低氣壓時則呈逆時針的方向轉入。

此外，高氣壓會產生下沉氣流，低氣壓則產生上升氣流，高空與地表的空氣流動方向完全相反。參考上方圖示即可清楚了解。

在正常狀態下，一般人不會感受到柯氏力，但它的威力很強，大到足以改變風向。夏季到秋季經常出現帶著大型氣旋的颱風，而颱風的漩渦狀氣旋正是受到柯氏力影響的最佳證明。

插圖／加藤貴夫

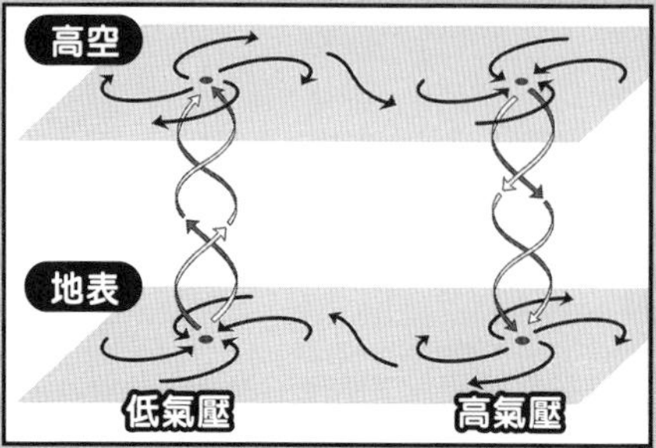

▲柯氏力使高氣壓與低氣壓的氣流呈現漩渦狀轉動。此外，受到西風帶影響，高空處的漩渦位置產生偏移，並非位於正上方。

特別專欄

在海上預測暴風雨的方法

暴風雨只發生在低氣壓中心附近，因此坐船時一定要掌握低氣壓的中心位置。

北半球的氣旋呈逆時針方向，往低氣壓中心旋轉，若風從背後吹來，低氣壓中心很可能在左前方，這就是知名的「白貝羅定律」，取自發現者荷蘭氣象學家的名字。現在只要利用雷達就能輕鬆掌握暴風雨的正確位置，不過以前還沒有雷達的時候，這是船員和漁夫最常使用的判斷方法。

插圖／佐藤諭

日本人最熟悉的風究竟如何形成？

接下來將為大家一一介紹，日本民眾最常在天氣預報和日常生活中聽到的幾個與風有關的專有名詞。

每年春天日照增加，西伯利亞高壓就會減弱。此時大陸與海洋的溫差較小，西高東低的氣壓配置（請參閱一百六十九頁）減弱，溫帶低氣壓移動至日本海方向。如此一來，空氣開始流入太平洋高壓，為日本列島帶來風勢強勁的暖風，這就是知名的「春一番」（每年初春颳起的第一道強勁南風），同時宣告春天的到來。

插圖／加藤貴夫

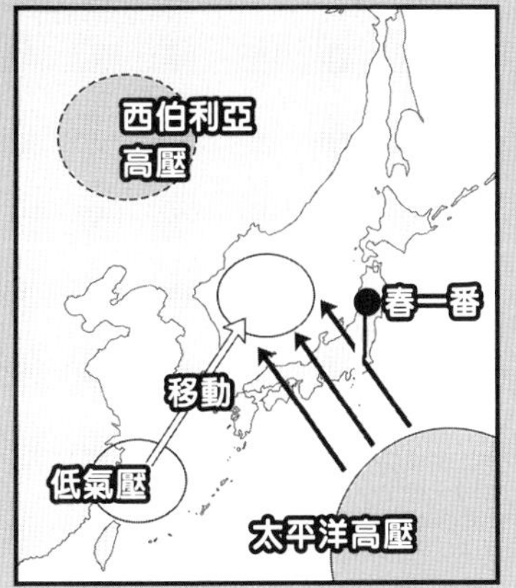

◀日本每年在立春後會吹起春一番，這股從太平洋吹來的暖風，宣告著春天的到來。

住在海邊的讀者可能有聽過「海風」與「陸風」。陸地氣溫容易比海面溫暖，白天陸地氣溫升高，產生上升氣流，形成低氣壓。此時風會從海面往陸地吹，這就是所謂的海風。相反的，到了夜晚，海面溫度比陸地高，於是吹起從陸地往海面吹的陸風。

山與海一樣，白天與晚上的風向是不同的。白天太陽照在山坡上，產生上升氣流，空氣從山谷往山峰移動，形成谷風。入夜之後山坡空氣變冷，產生下沉氣流，於是吹起山風。

日本是被陸地與海洋圍繞著，陸地擁有豐富的自然景緻，包括高山、平地、森林、草原、河川等。正因為這個緣故，日本一年四季所吹的風都不同。

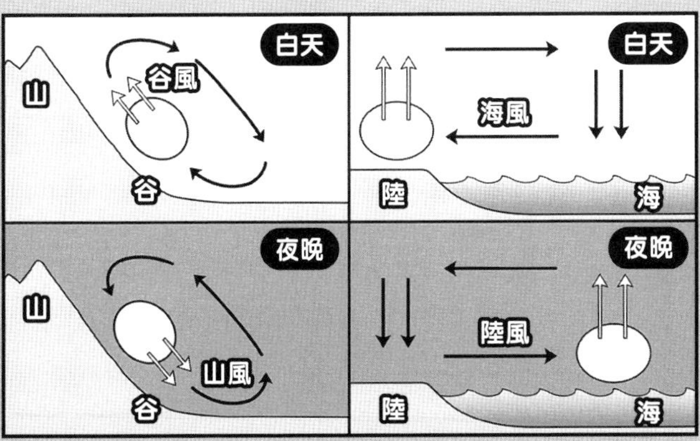

◀左邊是谷風與山風；右邊是海風與陸風的示意圖。兩者都是因為早晚溫差改變風向。此外，風通常以吹過來的方向命名。

插圖／加藤貴夫

雲朵遊戲
可惡～～快點讓開，別欺負人啦！
你對著天空鬼吼鬼叫什麼啊？

都是那片雲啦！
在暑假結束前有一個日晒活動！我打算從今天開始好好晒太陽，沒想到雲朵卻把太陽遮住了。
快點讓開！
呼—
呼—
你是笨蛋嗎？
咦？你有可以移動雲的道具嗎？
「雲朵控制器」。
ガガーピー
※喀嚾
你看箱子裡面！
冒出煙來了耶……
啊！跟天上的雲一模一樣！

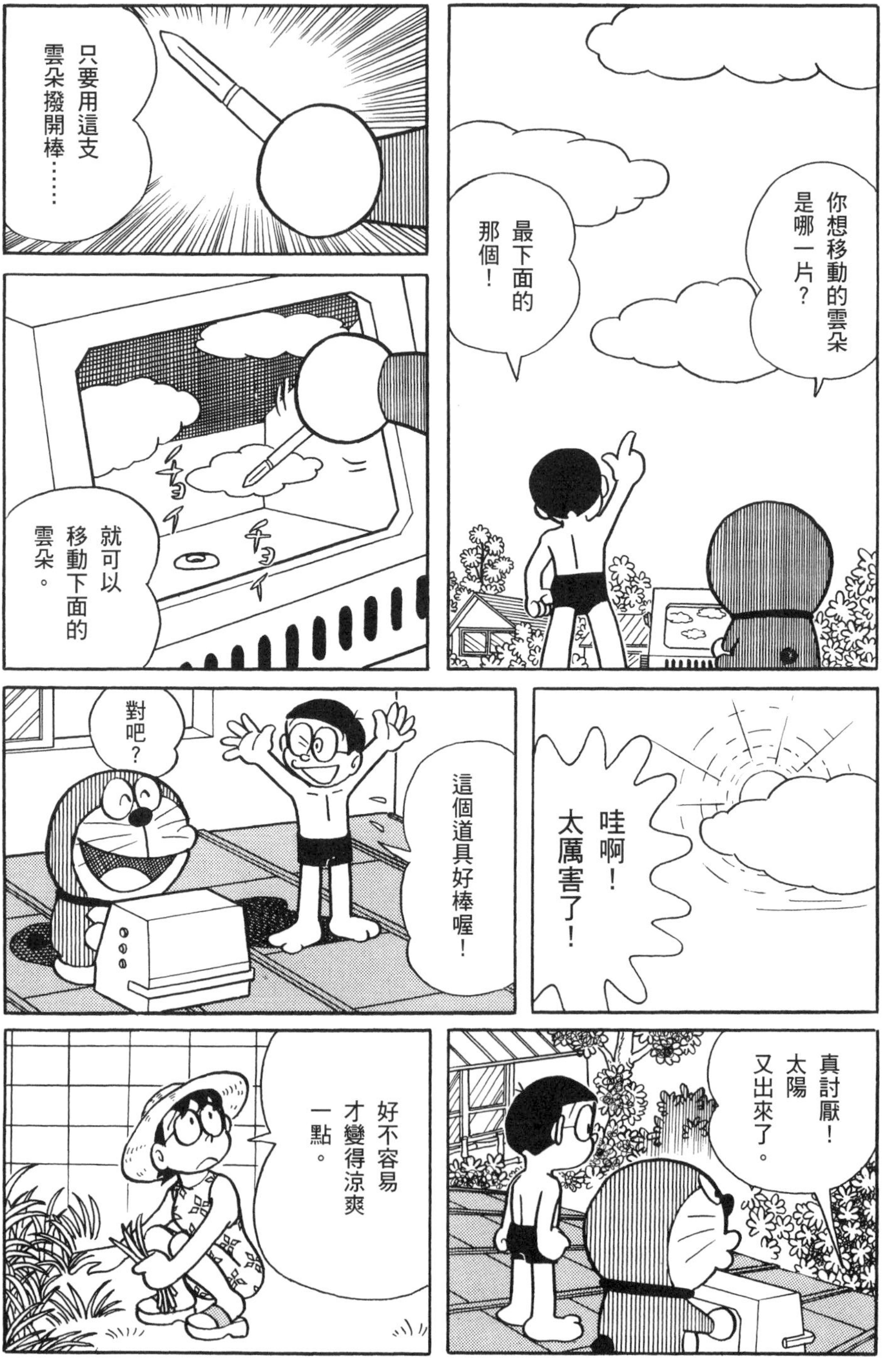

你想移動的雲朵是哪一片？
最下面的那個！
只要用這支雲朵撥開棒……
チョイ
チョイ
就可以移動下面的雲朵。
哇啊！太厲害了！
這個道具好棒喔！
對吧？
真討厭！太陽又出來了。
好不容易才變得涼爽一點。

百變天氣放映機Q&A

Q 下列哪種雲會產生雷？①雨層雲 ②高層雲 ③積雨雲

A ③積雨雲。積雨雲裡有強烈的上升氣流，冰晶劇烈碰撞摩擦，產生靜電，最後形成雷。

百變天氣放映機Q&A

Q 抬頭看向天空，如果天空中有六成都是雲，就可認定為「陰天」。這是真的嗎？

A 假的。天空中的雲量低於四成稱為「晴天」、五成到八成稱為「多雲」、高於九成則是「陰天」。

※嘶

啊哈哈哈哈哈！
真是太有趣了！
大雄，你可不要玩得太過火喔！
咦？
怎麼會突然變暗啦？
天空中出現很多奇怪的雲朵。
？
你把開關開著丟在那裡，機器都燒壞了啦！

雲是如何生成的？

水蒸氣運到高空變成雲　上升氣流共有五種型態

從地面往上看，可以看到膨鬆柔軟的白色塊狀物，那就是雲。事實上，雲是由水滴和冰晶組成。誠如第十六頁所提及，地表附近含有水蒸氣的暖空氣較輕，隨著上升氣流被運送至高空，在高空變冷，形成小水滴或冰晶，慢慢聚集起來便成為雲。反過來說，只要沒有上升氣流就不會形成雲，也就不可能下雨或降雪。上升氣流可說是天候變化的幕後推手，大致可分成五種型態。

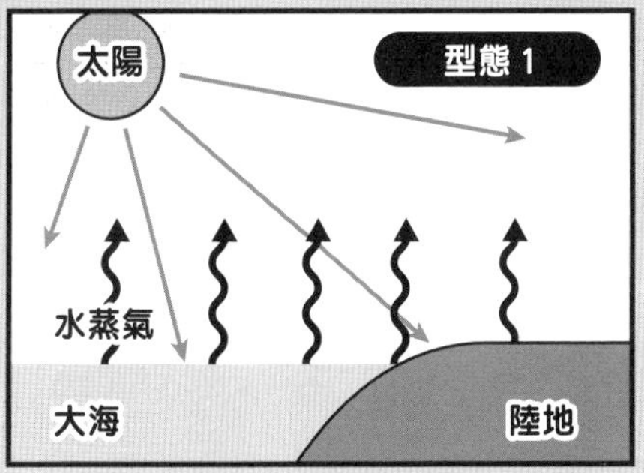

▲陽光照射地面，增加地表溫度，接近地表空氣變暖，逐漸往上升。

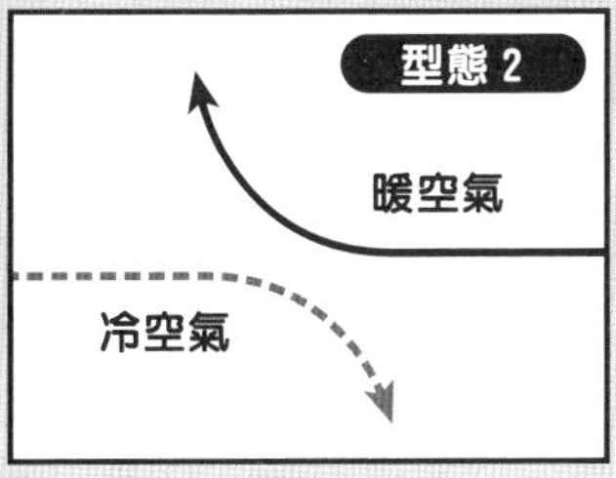

▲溫暖的風（暖空氣）與寒冷的風（冷空氣）互相碰撞，暖空氣上升。

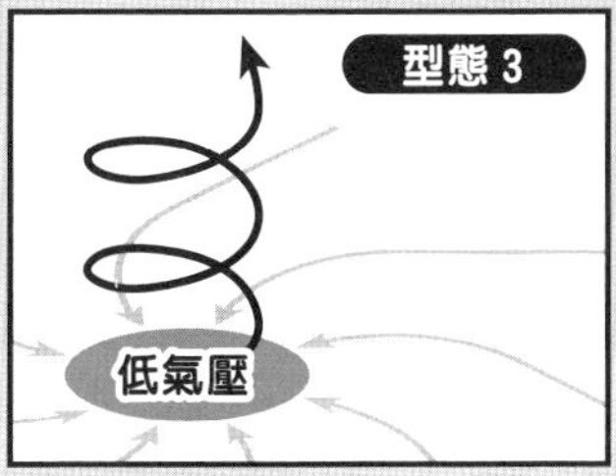

▲低氣壓不斷吸收空氣，使空氣無處可去，於是開始往上升。

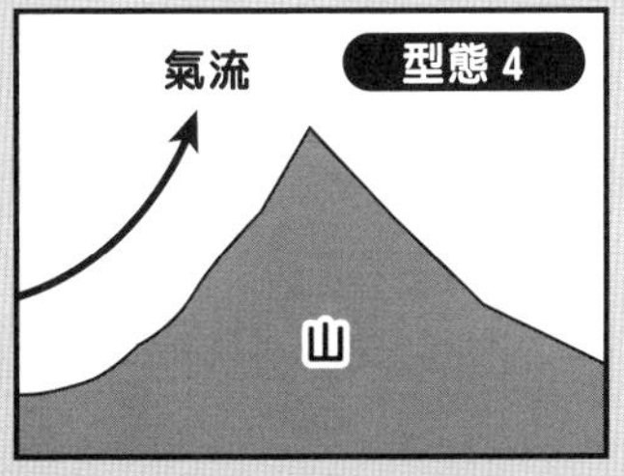

▲氣流撞到山，沿著山坡往上升。

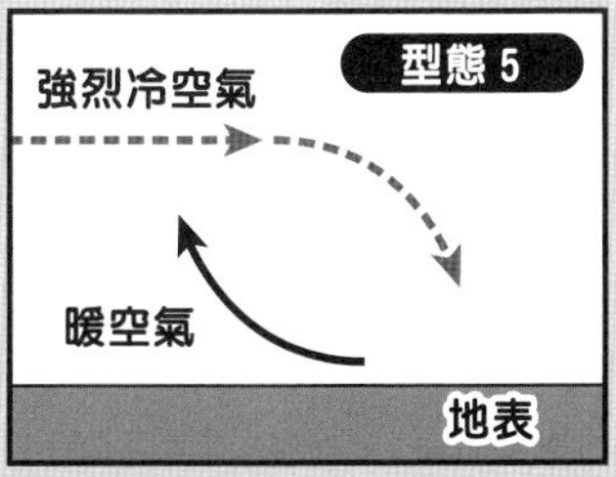

▲強烈冷空氣下降，擠壓地表附近的暖空氣，使其上升。

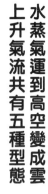

上升氣流和水蒸氣的量決定了雲的形狀

你看！是香蕉耶！

暖鋒的上升氣流形成大面積的雲 冷鋒的上升氣流形成具有高度的雲

雲的形狀與大小千變萬化，形成主因來自於空氣中含有的水蒸氣量和上升氣流的方向。雲分成往水平方向擴展的大面積雲，以及在高空處發展成形的雲。前者最常見的就是雨層雲，後者則以積雨雲為代表。兩者都是由飽含水蒸氣的空氣製造而成，而且都會下大雨（其他類型的雲由於水蒸氣不足，不太會下大雨）。

雨層雲是由緩慢的上升氣流聚集而成；積雨雲則是由強烈的上升氣流所形成。當暖空氣和冷空氣互相碰撞（暖空氣與冷空氣的交界處稱為鋒面），若暖空氣較強，緩慢的上升氣流（暖鋒）就會聚集成雨層雲；若冷空氣較強，強烈的上升氣流（冷鋒）就會形成積雨雲。雨層雲會下大範圍的雨，積雨雲則在小範圍內下大雨。

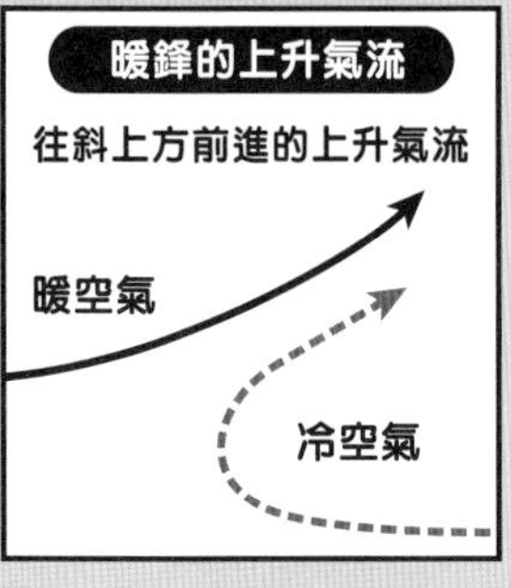
暖鋒的上升氣流
往斜上方前進的上升氣流
暖空氣
冷空氣

▶暖氣順著冷空氣往上攀，形成緩慢的上升氣流。

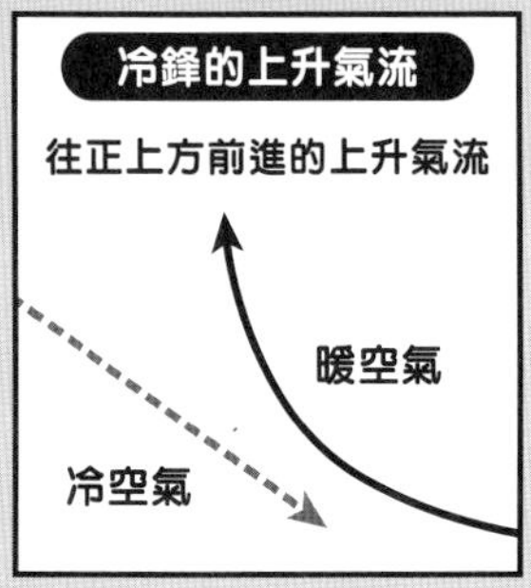
冷鋒的上升氣流
往正上方前進的上升氣流
暖空氣
冷空氣

▶冷空氣在暖空氣下方迅速往下沉，形成強烈的上升氣流。

特別專欄

有些奇特的雲只在特殊條件下生成

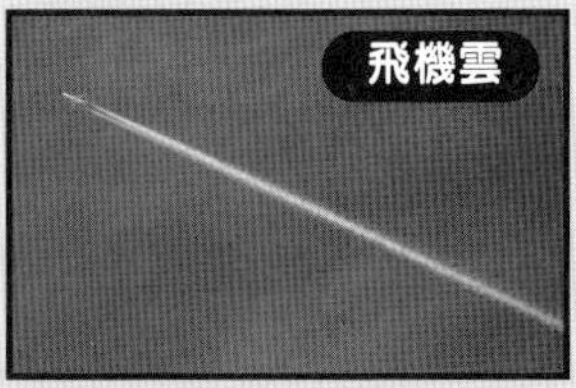
飛機雲

左頁介紹十種基本雲形，不過，在某些特殊條件下，也會產生各種奇形怪狀的雲。舉例而言，颱風逼近時，天空會出現透鏡形狀的莢狀雲。飛機引擎排出的氣體微粒則會吸附水蒸氣轉化成冰晶，形成飛機雲。大家不妨仔細觀察，是否還有其他造型奇特的雲 ？

影像提供／PhotoMaterial

十種雲的特徵

10000m
8000m
6000m
4000m
2000m

●卷雲
呈現出細緻纖維狀的雲。看起來像是一條帶子橫向延伸，亦稱為條雲。

●積雨雲
積雲進一步發展出來的雲，會下大雷或冰雹。亦稱為雷雨雲。

●卷層雲
位於高空處，像薄紗一樣的雲。也稱為薄雲。

●卷積雲
由一個個小雲朵集結而成的模樣很像魚鱗，又稱為鱗雲。

●高層雲
一大片厚厚的雲，略帶灰色。遮在太陽前方能模糊日影，因此也稱為朦朧雲。

●高積雲
像是一朵圓形雲掛在天上，聚集在一起看似羊群，亦稱綿羊雲、叢雲。

●雨層雲
又厚又大的深灰色雲覆蓋整片天空，會下雨或降雪，又名雨雲。

●積雲
天氣晴朗時，在強烈日照下形成的雲。看起來蓬鬆柔軟，也稱為棉花雲。

●層積雲
呈白色或灰色，個體較大的雲。可從縫隙之間看見藍天，又名積層雲。

●層雲
在低處延伸出一整片的霧狀雲（接觸地表時認定為霧），亦稱為霧雲。

插圖／加藤貴夫

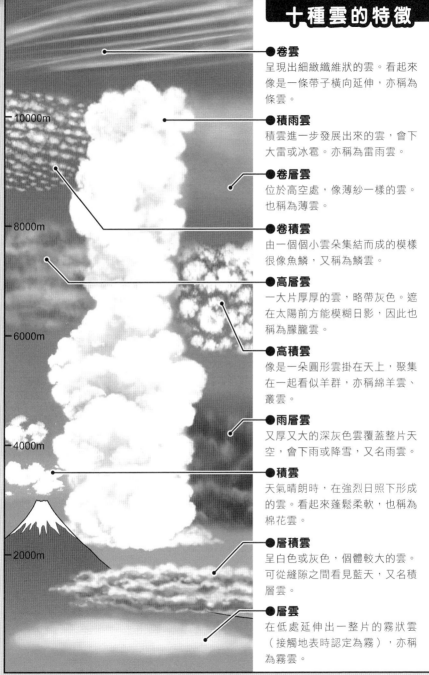

霧、靄、霾與雲有何不同？

霧與靄都是在與地面交界處形成的雲

大家應該都聽過霧、靄和霾這些名詞，但是你們知道它們與雲之間的差別嗎？從結論來說，霧與靄都是雲的一種。當水蒸氣冷卻，變回小水滴時就會形成霧與靄。其與雲之間的差異只在於是否接觸地面。高掛在天空的稱為層雲（請參照前頁），接觸地表的則為霧或靄。此外，霧與靄的差別在於能見度。能見度（可清楚視物的水平距離）不到一公里者稱為霧，一公里以上未滿十公里則稱為靄。

霾不像霧或靄是由水滴形成的現象，而是懸浮於空氣中的塵埃或鹽類等非吸水性固體微粒過多，所造成的大氣現象，會直接影響水平能見度與空氣品質。當四周塵土飛揚，大氣中的沙粒與塵埃讓人看不清周遭景物時，就能以「霾」來形容。

插圖／佐藤諭

▲從地面上可以看見雲遮住山脈。

▲如果碰觸到山坡，則稱為霧或靄。

特別專欄

地球以外的天體也會形成雲

有些地球以外的星球也有雲。大家都知道金星包覆著厚厚一層高濃度的硫酸雲，火星除了有像地球一樣的冰雲之外，還有吹襲火星陸地的沙塵暴。此外，木星有冰，以及含有阿摩尼亞、氫硫化銨的雲層。

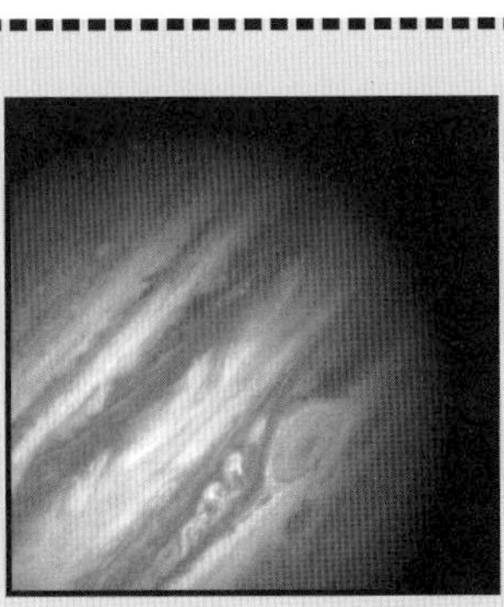

出處／NASA

雲中游泳池

Q 天氣預報常說的「大雨」、「豪雨」，何者雨量較多？

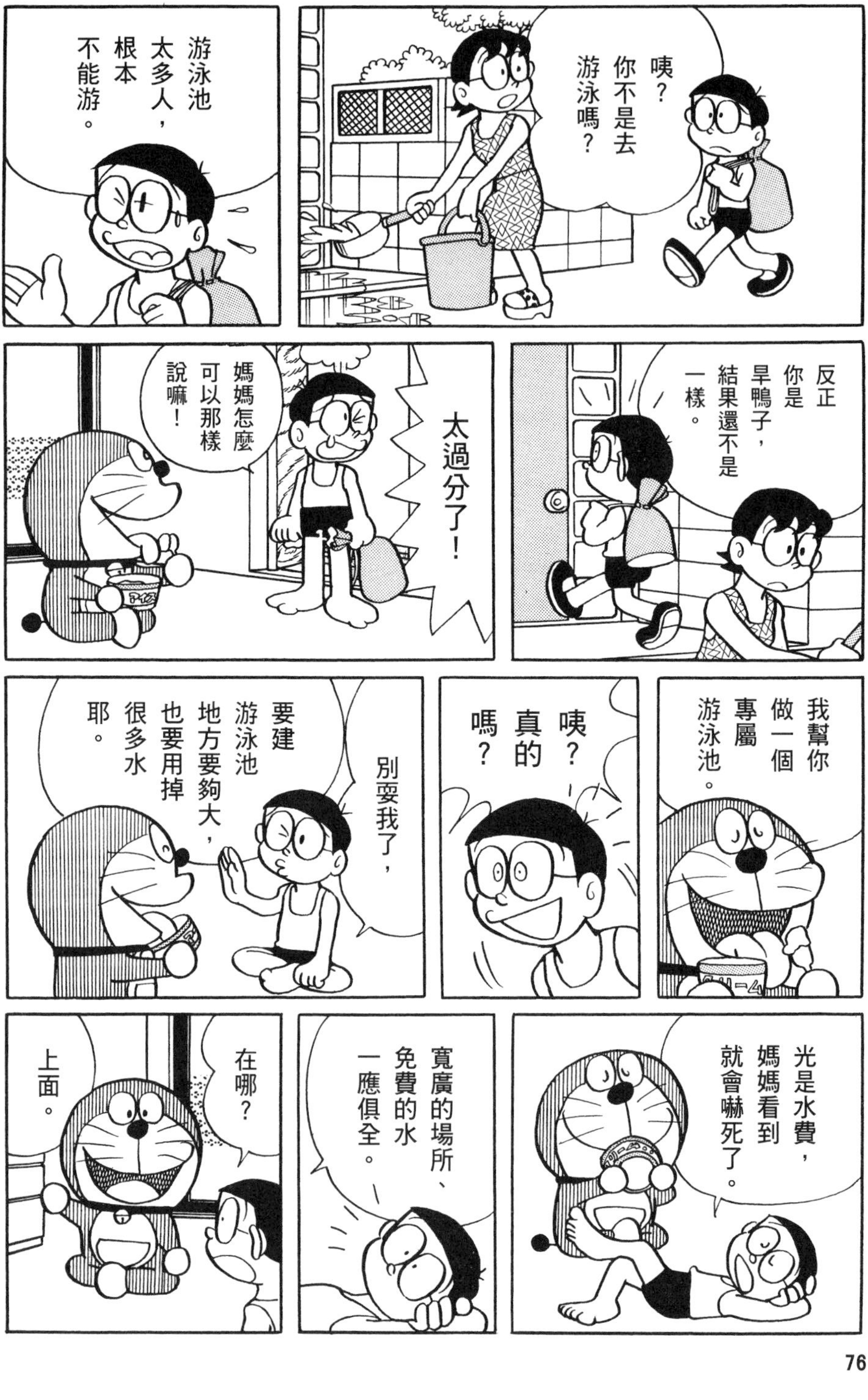
咦？你不是去游泳嗎？
游泳池太多人，根本不能游。
反正你是旱鴨子，結果還不是一樣。
太過分了！
媽媽怎麼可以那樣說嘛！
我幫你做一個專屬游泳池。
咦？真的嗎？
別耍我了，
要建游泳池地方要夠大，也要用掉很多水耶。
光是水費，媽媽看到就會嚇死了。
寬廣的場所、免費的水一應俱全。
在哪？
上面。

天空只有雲啊…？
雲是水組成的啊。
真的嗎？
水遇熱蒸發，變成水蒸氣飛向天空。
飄到高空中溫度降低，變成小水滴。
水滴聚集起來就變成雲。
水滴變大，重量變重，從天而降就是雨。
「浮水瓦斯」。
只要噴上它，
浮在空中的雲就會變成水。

A 豪雨。大雨是指二十四小時累積雨量達八十毫米以上；豪雨是指二十四小時累積雨量達兩百毫米以上的雨。

哪個雲比較好？
就那個吧！
※噴
※晃晃
這樣好了。
※嘩啦
好舒服，快點下來啊。
真的沒問題？

百變天氣放映機Q&A

Q 天氣預報常用的「陰短暫陣雨」、「陰有陣雨」等用語，何者降雨時間較長？

A 陰有陣雨。在預報有效時間內，降雨累積時間未滿四分之一時用「陰短暫陣雨」；超過四分之一時用「陰有陣雨」。

Q 俗話說「早上看到蜘蛛網代表晴天」，這是真的嗎？

A 真的。因為蜘蛛是從傍晚開始結網，而且蜘蛛不會選在溼度較高或風較強的時候結網。這句俗諺就是從這項生物特性衍生而來。

百變天氣放映機Q&A

Q 即使天氣預報說「降雨機率零」，還是有可能下雨。這是真的嗎？

A 真的。降雨機率最低為零，最高為一百，以百分之十為間隔，個位數四捨五入對外發表。因此即使是百分之四，也會顯示為零。

※轟隆
※抖抖
好奇怪……身體麻麻的？
※喀拉喀拉
※電擊
那是雷雲啊!?
變成雷陣雨啦！
※嘩啦
雷公的孩子掉下來囉。

雲爲什麼會變成雨？

小型雲凝結核逐漸成長變大 最後形成雨滴往下落

雲是由水滴和冰晶集結而成，不過，為什麼雲不會立刻變成雨往下落？這是因為形成雲的雲凝結核太小，直徑只有零點零一釐米，還不到雨滴的一百分之一。若換算成體積，更是未滿一百萬分之一。這麼小（輕）的物體無法抵抗上升氣流的力量往下落，即使真能往下掉，在接觸地表之前就會蒸發，再次變回水蒸氣。換句話說，雲變成雨的先決條件是，必須由超過一百萬顆雲凝結核集結成一顆直徑超過一釐米的雨滴。成長到這個大小（重量）才能產生足夠速度往下掉，途中也不會蒸發，才可順利抵達地面。這就是雲變成雨，順利降落地面的形成機制。

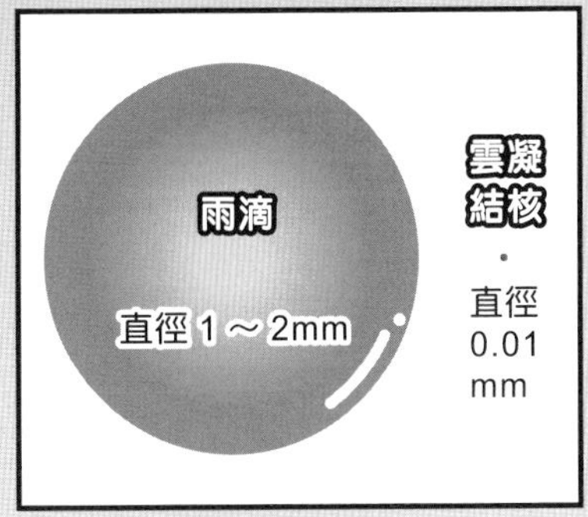

參照第七十二頁的簡單說明即可得知，只有雨層雲（雨雲）和積雨雲（雷雨雲）才會降雨，原因就是在此。除了這兩種雲之外，其它雲的水蒸氣含量太少，因此不管有多少雲凝結核集結在一起，都不足以形成雨滴。

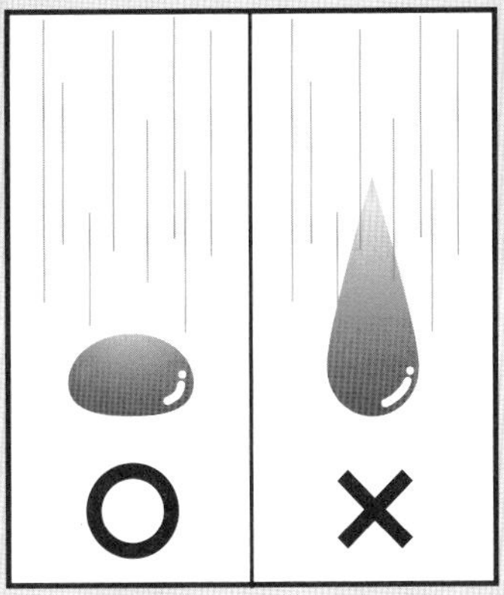

◀雨滴並非水滴形狀。受到空氣阻力影響，底部會被擠壓成平的。

另外，大家認為雨滴應該是什麼形狀？以上方圖示為例，左邊為正確答案。雨滴從高空往下掉的過程會受到空氣阻力，因此形成下平上圓的饅頭形狀。

水滴變大，重量變重，從天而降就是雨。

為什麼會產生不同的降雨方法？

從高度較低的天空降的雨為「暖雨」從高度較高的天空降的雨為「冷雨」

大家知道雨分成「暖雨」和「冷雨」兩種嗎？雲凝結核直接變成雨滴落下來的為暖雨，若是先變成冰晶再變成雨滴落下來，就會形成冷雨。接下來容我詳細的作說明。

水蒸氣在高空冷卻變成雲凝結核，受到上升氣流牽引，到達攝氏零下的高度，就會轉化成冰晶（冰粒）。隨著冰晶聚集得越來越大，上升氣流無法乘載便會開始往下掉，在氣溫零度以上的雲中變成雨滴。此時降的雨為冷雨。

包括日本在內的溫帶地區以及更北部的寒冷地帶所降的雨，大多數皆為冷雨。若在氣溫較高的熱帶地區，大量的水蒸氣形成了雲，雲凝結核在氣溫超過零度的高度聚集（未形成冰晶），接著轉化成雨滴落下來，即為暖雨。

「暖雨」和「冷雨」的形成方式不同

氣溫低於零度的高空很容易形成冰晶，冰晶往下掉落變成雨滴就會形成冷雨。相反的，由大量水蒸氣形成的雲會在高度較低的地方直接轉化成雨滴，此時降的雨便是暖雨。

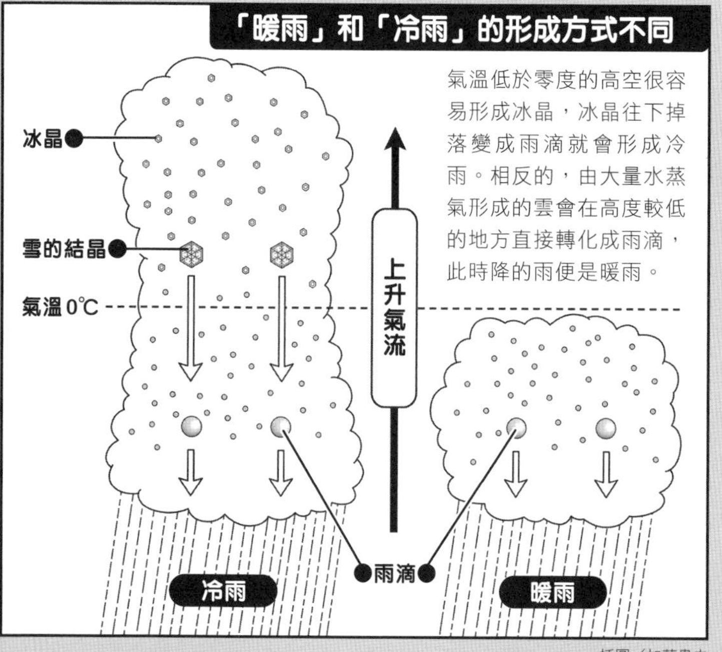
冰晶
雪的結晶
氣溫 0℃
上升氣流
雨滴
冷雨
暖雨

插圖／加藤貴夫

溫和的雨、猛烈的雨、下不停的雨……鋒面型態會影響降雨方式

大家聽過「暖氣團」和「冷氣團」嗎？在熱帶地區生成的暖空氣形成的氣團為「暖氣團」，在寒帶地區生成的冷空氣形成的氣團為「冷氣團」。暖氣和冷氣不斷重複發達衰退的過程，受到地球規模的對流影響頻繁流動，有時這兩種空氣也會互相碰撞。

當暖空氣與冷空氣互相碰撞，會產生什麼結果？沒錯，就是會提升降雨機率。因為冷暖空氣的溫差會引發上升氣流，促進雲的形成。每次天氣預報提及和雨有關的氣象時，常常會使用「鋒面」這兩個字。事實上，鋒面指的是暖空氣與冷空氣的交界處，這兩種空氣勢力的消長決定了降雨方式。

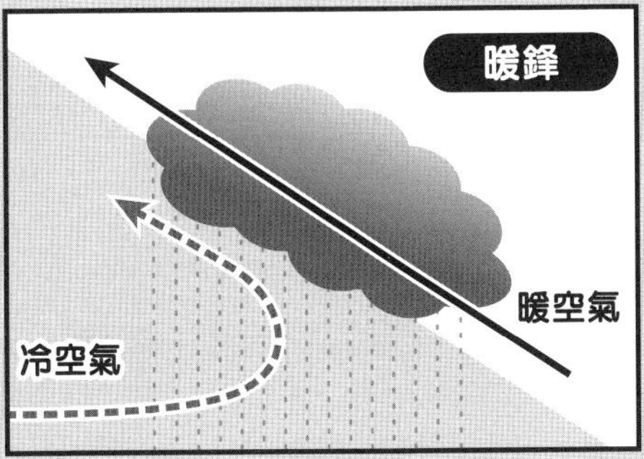

首先來看暖空氣勢力優於冷空氣的情形。此時稱為「暖鋒」，暖空氣會慢慢爬升到冷空氣上方，同時大規模生成雲，下雨範圍也會隨之擴大，雨勢較為平緩。

相反的，當冷空氣的勢力優於暖空氣就會形成冷鋒。冷空氣迅速潛入暖空氣下方，引發強烈的上升氣流。同時形成積雨雲，在小範圍內下起雨勢猛烈的雨。

最後一種情形是冷暖空氣實力相當，此時會形成滯留鋒，暖空氣與冷空氣長期停留在同一個地方，僵持不下，導致該地下起連綿不停的雨。梅雨和秋雨這類雨期較長的雨，就是由滯留鋒形成的。

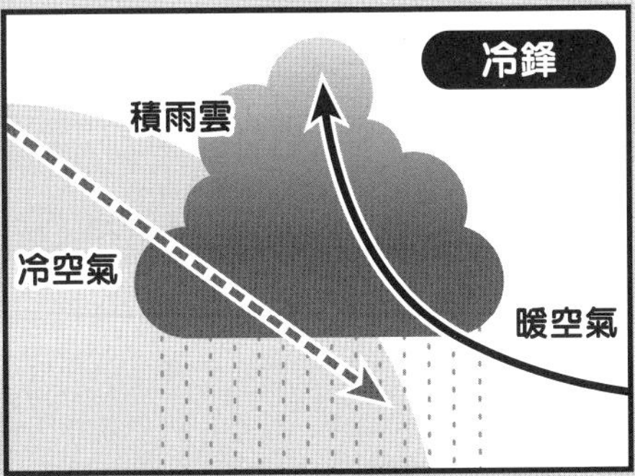

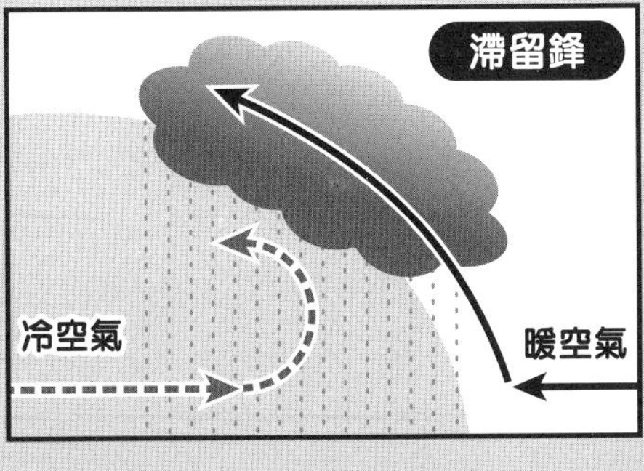

變成雷陣雨啦！

現代社會是引發氣象災害的元凶？

熱島效應與範圍逐漸擴大的無預警豪雨，帶來嚴重災害

文明是否也成為各種異常氣候的元凶，是近年來備受爭議的話題。「無預警豪雨」（又稱游擊隊豪雨）就是最明顯的例子。

人口密集的都會區氣溫比周遭地區高，原因在於空調、汽車、柏油路面等排出的熱氣。雖然看似只有都會區氣溫較高，事實上這股熱氣看起來很像一座島漂浮在天空中，因此這個現象又稱為「熱島效應（Urban Heat Island Effect）」。

由於都會區高樓林立，大樓與大樓之間常有強風吹襲，這股熱氣與風形成強烈的上升氣流，迅速發展出積雨雲。而且通常會在傍晚下起小範圍的大雨。這類局部性暴雨很難預測，因此稱為無預警豪雨。也正因為無法事先預測，有時會造成嚴重災害。

插圖／佐藤諭

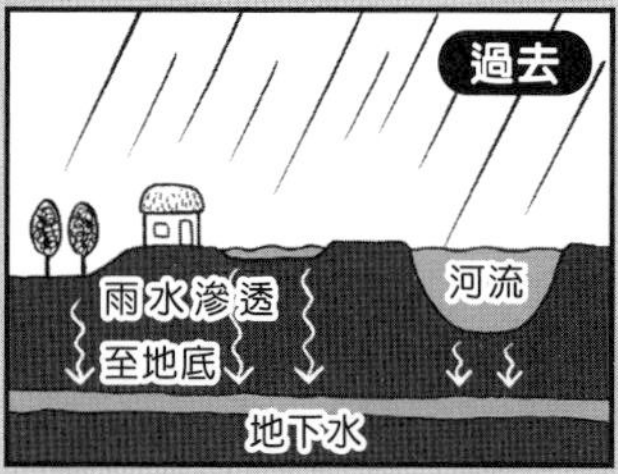

過去
河流
雨水滲透至地底
地下水

▲ 即使下大雨地面也能吸收雨水，很少發生重大災害。

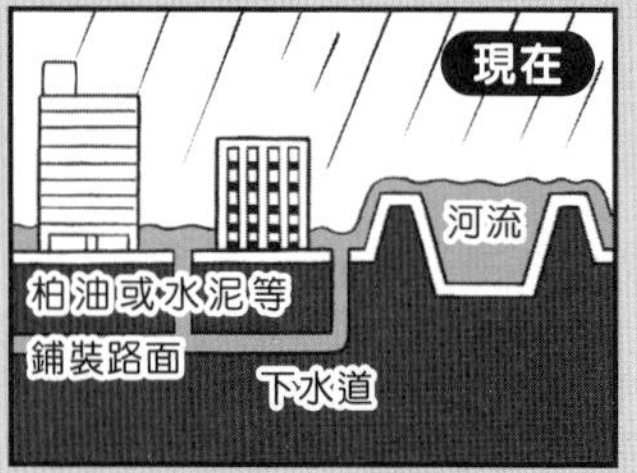

現在
河流
柏油或水泥等鋪裝路面
下水道

▲ 鋪裝道路越來越多，導致雨水匯集於河流與下水道，容易溢出，造成災情。

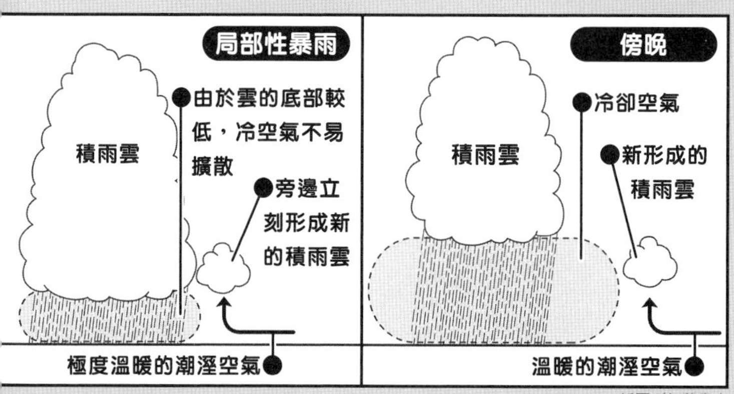

傍晚
冷卻空氣
積雨雲
新形成的積雨雲
溫暖的潮溼空氣
局部性暴雨
由於雲的底部較低，冷空氣不易擴散
積雨雲
旁邊立刻形成新的積雨雲
極度溫暖的潮溼空氣

插圖／加藤貴夫

三月雪

爸媽好不容易才買這組滑雪道具給我……
結果他們都還沒帶我去滑雪過，春天就已經來了。
唉~真沒意思。
原來如此啊。
如果說…
我是說如果啦~

百變天氣放映機Q&A

Q 水蒸氣和雲凝結核結凍後變成冰晶，剛形成時大小只有零點一釐米左右。這是真的嗎？

A

假的。雲凝結核大小約零點零一釐米，無論是雲凝結核或水蒸氣結凍而成的冰晶，剛開始都只有零點零一釐米左右。

Q 在攝氏零下四十度的數千公尺高空，水蒸氣也不會結凍。這是真的嗎？

哎呀，都三月了怎麼還會下雪？
我很厲害吧，這不是修好了嗎？
真服了你，我太小看你了。
到明天早上，雪一定會積得很高。
雪都積成這樣了還在下。
我去跟靜香說可以滑雪了。

原來大家老早就跑出來玩了啊。
算了，只要大家玩得開心就好了。
不用客氣，好好的大玩一場吧。
※砸
ガシャ
說得好像雪是你家的一樣。
是我讓它下的耶。
※啪嘎
パカ

A 假的。一般來說，形成冰晶一定要有「核」，也就是微塵粒子。但在零下四十度的低溫下，無須「核」也能結凍。

百變天氣放映機Q&A

Q 北極圈與南極圈相較，北極圈的平均氣溫較低。這是真的嗎？

A 假的。在相同緯度上測量氣溫，南極圈約低二十到三十度。這是因為南極大陸的標高較高，陸地氣溫不像海洋那樣容易升高。

雪太大無法騎腳踏車
走路送外賣辛苦你了。
？
？
對不起。
車子動彈不得，真傷腦筋
聽說火車停駛了。蔬菜價格又要上漲了呢
我先生到青森去了。再不趕快回來就趕不上工作了！
下雪也會對一些人造成困擾啊。
大雄，真令人感動耶。
要不要順便幫我們家門前的雪也除一除啊？
好啊。
那我家也麻煩你。
不好意思，我家也拜託你囉。
我有責任必須把全日本的雪除乾淨才行。

我不行了。
哆啦A夢，趕快拿自動除雪機出來。
怎麼還沒回來。
跑到哪裡去了啊？日本正面臨存亡關頭啊。
唉～我到底該怎麼辦才好？
撞上！

抱歉。
什麼!?雪停不下來？
誰叫你不聽我的話，自做主張幹了好事！
先別說教了，趕快修好吧！
？
咦…？
道具壞掉了啊。
就是因為它壞掉了，所以雪才停不了啊。
不是這樣的，它一開始就壞掉了啊。
這麼說，下大雪就不關這道具的事囉！
三月下雪也沒什麼好奇怪的呀？
我們出去玩吧。
目前冷鋒已過境離去，再過不久大雪應該就會停止了。

大雄，怎麼不除雪了啊？
囉唆！自己去除吧!!

雪與冰很相似，卻是不同物體

液體結凍變成「冰」氣體結凍變成「雪」

插圖／佐藤諭

先前已經說明過，位於攝氏零度以下高空的雲裡含有冰晶，當冰晶越聚越多就會變重，往下滴落至地面。此時如果雲層底部和地表附近的氣溫較高，冰晶便會融解成雨。相反的，若氣溫較低，就會產生不同結果。冰晶會在下層雲之中逐漸成長，最後變成雪降落至地面。

接下來問大家一個問題。你知道冰和雪有什麼不同嗎？答案就是形成方式。冰是由水、雪是由水蒸氣結凍而成的。放大來看，冰是一整塊堅硬固體，但雪不一樣。水蒸氣的水分子相當鬆散，四處飛散，其結凍之後，會慢慢聚在一起形成雪，創造出美麗的結晶造型。

降雪的作用原理

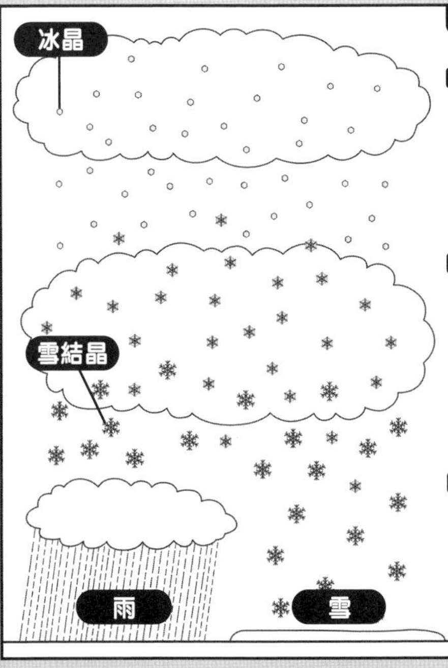

1 在 5000 ～ 6000m、氣溫 -25℃以下的高空環境，水蒸氣結成冰晶，形成雲。

2 冰晶聚在一起就會變重，掉落至雲的下層。在氣溫 -15℃左右的環境中，冰晶逐漸成長為雪結晶。

3 雪結晶再繼續往下掉，通過 0℃以上的雲或大氣時變成雨。若氣溫繼續降低，就會變成雪落至地面。

插圖／加藤貴夫

往縱向成長的雪結晶

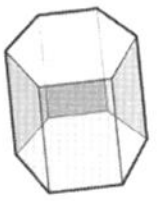

角柱狀結晶
雪結晶是由小型的六角柱結晶開始成長。

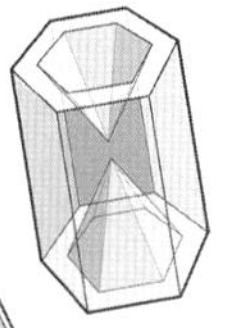

角柱狀結晶（杯形）
中間形成像杯子一樣的空洞，可成長至 0.5mm 左右。

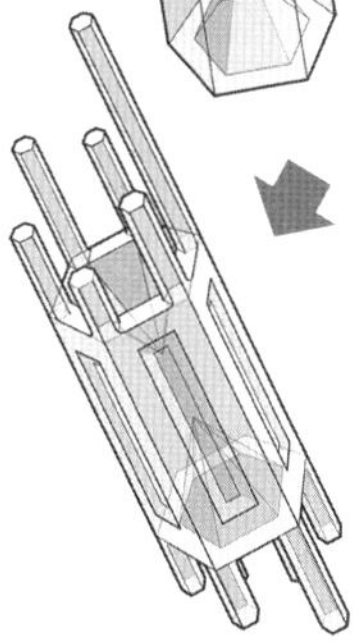

針狀結晶
延伸出好幾根像針一樣的細結晶，大小約 2 ～ 3mm。

往橫向成長的雪結晶

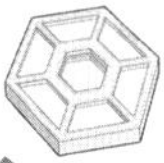

六角形結晶
六角形板狀結晶。大小約 0.5 ～ 1mm，從小型六角柱結晶開始成長。

扇形結晶
從六角形板狀結晶延伸出 6 把扇子般的結晶造型，大小約 1 ～ 2mm。

立體樹枝狀結晶
繼續成長為樹枝一樣的造型，最大可超過 10mm。

插圖／加藤貴夫

每顆形狀都不一樣！揭開雪結晶的神祕面紗

插圖／加藤貴夫

大家如果有機會，請務必用顯微鏡觀察看看雪結晶。雪結晶的美絕對會讓你看到入迷！

雪結晶是由獨特的六十度角所構成，外形神祕絕美。據說每顆雪結晶的形狀都略有不同，絕對找不到一模一樣的兩顆雪結晶。如此驚人的多樣性，源起於雪結晶成形時的氣溫和水蒸氣量的差異。舉例來說，六角形結晶是最具代表性的雪結晶之一，形成的環境氣溫為攝氏零下四度到零度或零下二十度到十度。

此外，另一個比較常見的的角柱狀結晶，則需要攝氏零下十度到四度或低於零下二十度的環境。兩者都需要水蒸氣增加才能生成（六角形結晶朝橫向發展，角柱狀結晶往縱向發展）。水蒸氣的量越多，越能生成造型複雜的大型結晶。

日本的大雪型態有兩種類型

你擋到我的路了。

下在平地的「里雪型」以及下在山地的「山雪型」

日本冬季的天氣預報常說：「今天到明天會下里雪型的大雪。」或是「預計會下山雪型的大雪。」大家是否也聽過這兩個名詞？

里雪指的是下在日本海沿岸平地區域的雪；山雪則是下在山地區域的雪。從北極圈下來的冷空氣進入日本時，會受到橫亙在日本列島中央的高山阻擋，產生上升氣流，進而在山區降雪，這就是山雪型。若冷氣團較強，在碰到山脈之前已形成上升氣流（請參閱第七十一頁上升氣流的型態5），使大氣呈現不穩定的狀態也會下大雪。在碰到山之前下的大雪即為里雪型。詳細內容請詳閱下段說明。

為什麼日本海沿岸的降雪量多過太平洋沿岸？

誠如上一段所說，從日本北部往南移動的冷氣團，會在日本海上吸收大量水蒸氣，並受到日本列島的山脈阻擋。如此一來，便會引發沿著山坡往上爬的上升氣流，形成雲，降下大雪。當氣流越過山脈來到太平洋上，此時已流失水蒸氣，成為乾燥的風。這就是日本海沿岸的降雪量多過太平洋沿岸的原因。不過，太平洋沿岸偶爾也會下大雪。當南岸低氣壓將南方的暖氣團帶進日本，與從北部下來的冷氣團在太平洋沿岸相遇就會下雪。

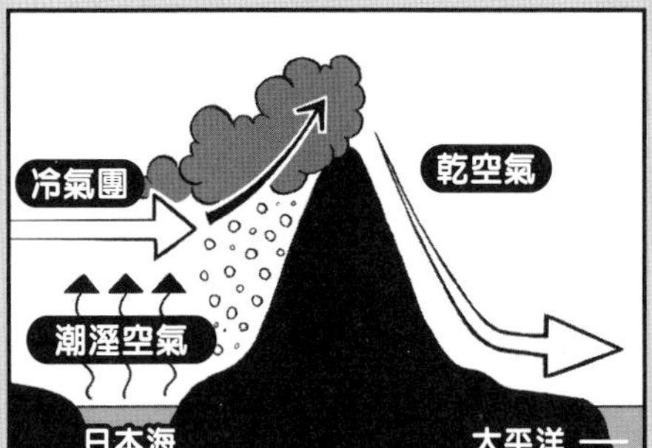

冷氣團
乾空氣
潮溼空氣
日本海
太平洋

插圖／佐藤諭

為什麼會下冰雹與霰？

有時天空下一些物體，它們既不是雨也不是雪，而是冰雹與霰。冰雹與霰都是由附著在雪四周的水滴形成的冰晶，直徑超過五釐米者稱為冰雹，直徑五釐米以下的稱為霰。

兩者都是在伴隨強烈上升氣流而來的積雨雲中形成。其掉落至地表的過程中，表面開始融化的雪粒再次受到上升氣流牽引往上爬，在雲裡吸附新的水滴，接著再度往下掉。不斷重複這個過程就會慢慢變大，直到成為上升氣流再也無法乘載的大冰晶，也就是冰雹或霰。

積雨雲是夏季常見的雲，但每年七到八月氣溫飆高的盛夏時期，原本的大冰晶在掉落地面的過程中迅速融化，大多變成雨滴較大的雨。這就是冰雹與霰通常發生在春秋兩季的原因。此外，日本海沿岸的強烈冷氣團也會形成積雨雲，因此冬天有時也會下冰雹或霰。

偶爾也會遇到像高爾夫球大小的冰雹（根據日本的文獻紀錄顯示，在大約一百年前曾經降下直徑三十公分左右的冰雹），這麼大的物體若直接打在頭上，後果將不堪設想，大家如果遇到冰雹或霰，請務必立刻躲進屋裡避難。

特別專欄

日本過去真的有冰河嗎？

冰河是長年堆積的雪累積壓縮後，緩慢流動的冰塊，主要存在於極寒的南極與北極圈。過去科學家認為在北半球堪察加半島以南的地區不可能存在冰河，但直到 2012 年為止，日本的立山連峰已經證實曾有過三條冰河！

不再害怕打雷

※轟隆轟隆

※閃電

好像打在這附近。
奇怪，大雄呢？
被他們嘲笑後就跑回來了？你真沒用耶!!
打雷不過是普通的放電現象而已。
我知道啊，但我就是會害怕嘛。
真拿你沒辦法。
用這個來習慣打雷吧！
這是什麼？
這是「雷電雲」。雖然很小，但是可以釋放出很強的電擊。
拉~
ガラ
ガラ
光顧著逃是無法習慣的。

※轟隆轟隆

※轟隆轟隆
真的耶，習慣了。
習慣之後就覺得很好玩了。
※電擊
火柴或打火機在哪……
我來幫你點煙吧！
點著了啊～
※電擊
商店

百變天氣放映機Q&A

Q 有些研究學者會從氣象數據鎖定發生位置，趕赴現場拍攝下列哪一項？①颱風 ②雷 ③龍捲風

好好玩喔！
你們如果敢做壞事，小心遭到正義雷電制裁喔！
天暗下來了，把電燈打開吧。
媽媽發脾氣時，比打雷還恐怖呢！
?

A ③龍捲風。冒著生命危險收集龍捲風數據的人稱為「追風者」，以美國居多。

天空爲什麼會打雷閃電？

閃電的形成機制和靜電極爲類似！

當物質互相摩擦，各自原子裡的電子就會移動進而帶電，這就是當我們脫下毛衣時會聽到「劈啪」聲的原因。閃電的形成機制與此極為類似。

閃電來自於積雨雲（請參閱第七十三頁）中的冰晶。冰晶降落速度各有不同，使它們在落下時互相碰撞，進而帶電。

在不斷的碰撞之下，積存在雲裡面的電就會被釋放出來，形成我們所看到的「閃電」。

插圖／佐藤諭

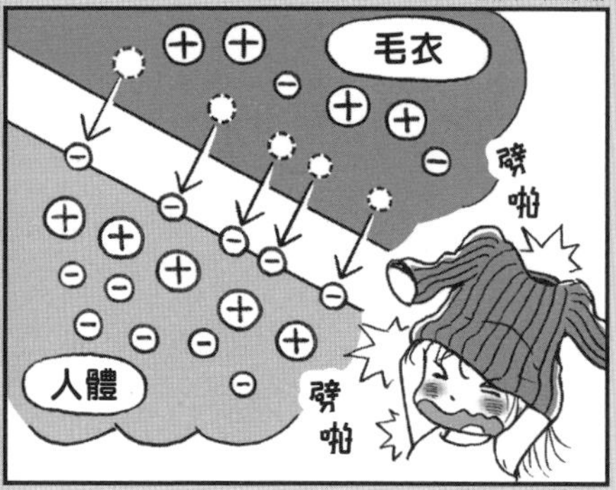

毛衣
人體
劈啪
劈啪

▲雖然眼睛看不見，但物質之間的電子互相轉移。

閃電含有的電可以運用在我們的日常生活中嗎？

閃電發光的時間最長只有零點一秒，不過，這一瞬間可以產生極大能量。若換算成一個家庭使用的電量，大約可使用一到兩個月。若能像風力發電或太陽能發電般使用閃電的能量，想必能創造更多能源。

遺憾的是，目前很難從閃電中擷取出電力。原因就在於人類無法預測閃電會在什麼時候打在哪裡。由於閃電不像風和太陽是持續存在的自然現象，因此無法儲存並製造能源。

插圖／加藤貴夫

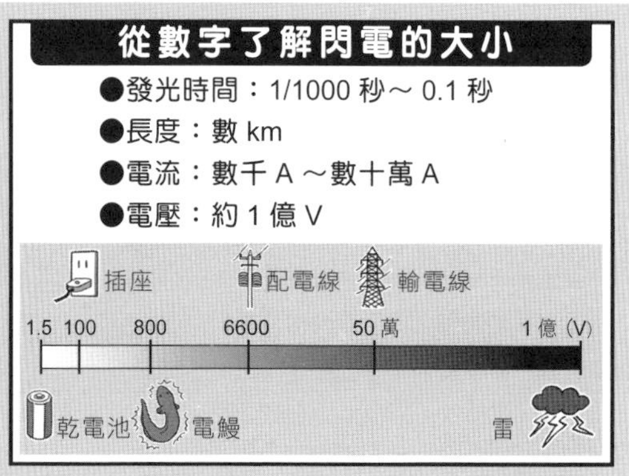

從數字了解閃電的大小
●發光時間：1/1000 秒～ 0.1 秒
●長度：數 km
●電流：數千 A ～數十萬 A
●電壓：約 1 億 V
插座
配電線
輸電線
1.5
100
800
6600
50 萬
1 億 (V)
乾電池
電鰻
雷

插圖／加藤貴夫

冰晶會引起靜電形成閃電

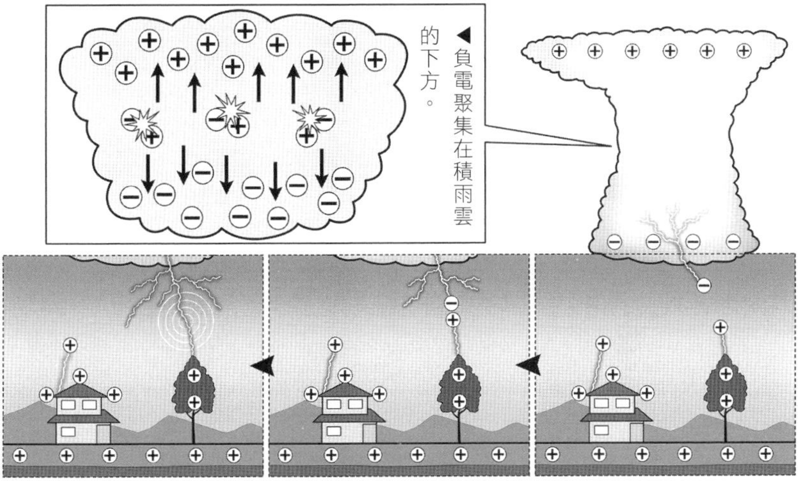
◀負電聚集在積雨雲的下方。

▲雲的負電會吸引地表的正電。

▲雲和地表的電相互吸引，引發放電現象（閃電）。

▲四周空氣突然變熱，產生震波。

雷的「轟隆」聲從何處傳來？

閃電之後我們會聽到很大的轟隆聲，事實上，這個聲音並不是雷打到地面的聲音。電流經過時，熱氣會使閃電的周遭空氣急速膨脹，產生震波。這就是轟隆聲的由來。

閃電發光的時間只有一瞬間，隨後卻可以聽見很長的「轟隆聲」，這是因為音速比光速慢許多，才會造成這個結果。一瞬間可以前進數公里的閃電，在這段距離引發震波，受到時間差的影響，震波產生的聲音隨後才傳入我們的耳朵。

特別專欄

在打雷閃電的日子放風箏的富蘭克林

富蘭克林是證實「閃電就是電」的科學家。他成功的讓閃電打在前端有針的風箏上，並將它儲存在特殊瓶子裡。證實「閃電」是一種能以科學方式說明的自然現象。

▲這個行為非常危險，請千萬不要模仿！

插圖／佐藤諭

「什麼時候」、「哪個地方」會產生龍捲風？

但我就是會害怕嘛。
真拿你沒辦法。

當溫暖潮溼的空氣往上升就會產生龍捲風

伴隨積雨雲出現的強烈上升氣流會引起猛烈的旋渦狀疾風，這就是「龍捲風」。往年日本的北海道到九州各地，無論哪個季節都能觀測到龍捲風。

當高空與地表附近的溫差變大，大氣呈現不穩定狀態，正巧又有溫暖潮溼的空氣進入時，就會發展出積雨雲。

若積雨雲裡產生旋渦狀氣流，就會進一步發展成龍捲風。不過，目前科學家仍未釐清其詳細的作用原理。

數據提供／日本氣象廳

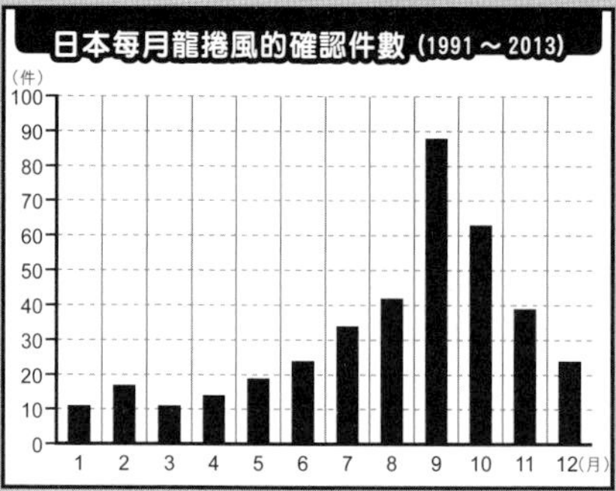

日本每月龍捲風的確認件數（1991～2013）
（件）
100
90
80
70
60
50
40
30
20
10
0
1
2
3
4
5
6
7
8
9
10
11
12（月）

▲雖然夏秋兩季的件數較多，不過一整年都會出現龍捲風。

插圖／加藤貴夫

龍捲風的發生模式

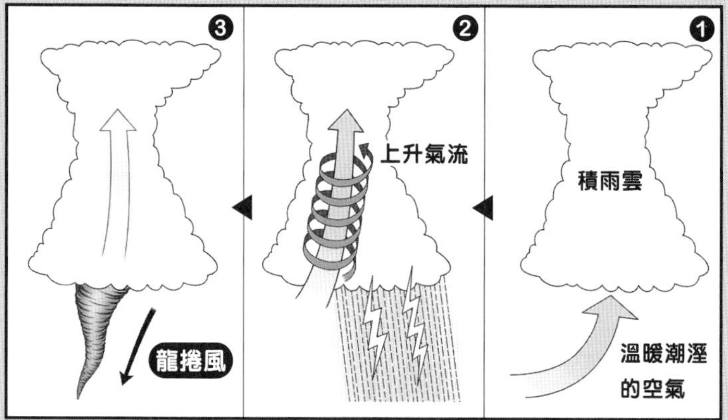

1
積雨雲
溫暖潮溼的空氣
2
上升氣流
3
龍捲風

▲潮溼的空氣在地表加溫後往上爬。水蒸氣在上升的同時冷卻，形成積雨雲。

▲此時引起旋渦狀的上升氣流，雨滴往下落引發強烈的下沉氣流。開始降下猛烈的雷雨或冰雹。

▲旋渦狀的上升氣流增強，到達地面形成龍捲風，為地面帶來慘烈災情。

「超大胞」是形成大型龍捲風的原因

一般認為在形成特殊積雨雲「超大胞」的過程中，最容易發生大規模龍捲風。在正常情況下，積雨雲大到一定程度就會下雨，產生下沉氣流，減弱上升氣流的威力。不僅如此，下沉氣流還會切斷上升氣流的路線，使得積雨雲越來越小。

反觀在超大胞同一塊雲裡，會在不同地方各自產生上升與下沉氣流，於是上升氣流就不會被切斷，可持續供應能量，發展出巨型積雨雲，進一步增強上升氣流。

超大胞和普通積雨雲的區別

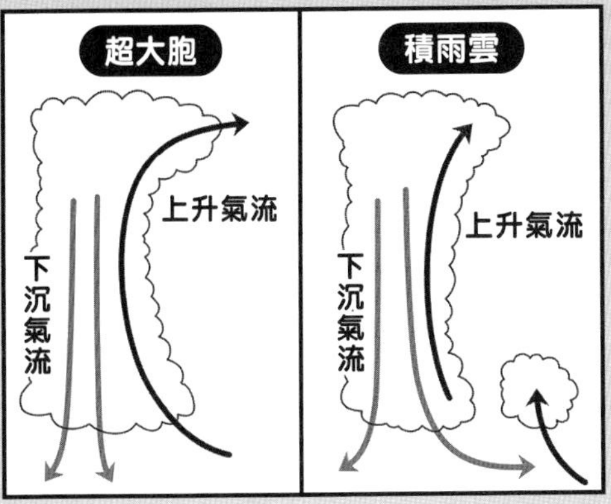

插圖／加藤貴夫

▲上升氣流持續供應能量，發展出巨型積雨雲。

▲下沉氣流會阻斷上升氣流。

目前的技術很難預測出發生「時間」與「地點」

近年來觀測機器的技術日新月異，觀測積雨雲的技術也隨之提升。若是能善用龍捲風發生場所和災情狀況等數據，就能提前掌握容易產生龍捲風的情形。遺憾的是，現階段尚未研發出任何技術，可以正確預報突發性且在短時間內生成的龍捲風，令人期待今後的研究發展。

「藤田級數」可用來推測龍捲風的風速

等級	預估風速	受害狀況
F0	風速17～32m/s（約15秒平均風速）	電視天線傾倒，小樹枝折斷。
F1	風速33～49m/s（約10秒平均風速）	屋瓦掀起，玻璃窗碎裂。
F2	風速50～69m/s（約7秒平均風速）	房子屋頂整個吹掉，大樹整棵吹倒或折斷。
F3	風速70～92m/s（約5秒平均風速）	牆壁倒塌、房子崩壞，火車翻覆，汽車吹翻。
F4	風速93～116m/s（約秒4平均風速）	房子四分五裂，即使是鋼骨結構的房子也會夷為平地。
F5	風速117～142m/s（約3秒平均風速）	房子整個吹走，完全不留痕跡。汽車、火車整輛吹起翻覆，掉落在很遠的地方。

▲由氣象學家藤田博士提出的強度標準，全世界通用。

颱風眼——風子

啾啾啾啾啾…
啾啾啾啾啾啾。
好了，該回籠子裡去囉。
牠好聽話喔！
因為我從鳥蛋的時候開始飼養。
不論是什麼動物，只要用心疼愛，都會變得跟你很親密。
我也好想養動物喔！從蛋開始養，打從心底疼愛牠。
你馬上就想學人家。

這個是……
到底是什麼東西的蛋啊？
什麼東西都沒關係啦。
借我吧！我會好好養的。
我先告訴你喔，
不管孵出什麼東西，都要好好疼愛牠！
不可以欺負牠，或是丟掉喔。
我知道啦。
大雄，你不舒服嗎？
什麼？你在孵蛋？
媽媽反對你養動物！
媽媽，沒關係嘛。
無論什麼東西，能夠好好愛護牠是件好事。
這也是為了大雄好啊……

百變天氣放映機Q&A

Q 觀測史上最短的颱風壽命為？①三小時②一天③三天

A
①三小時。壽命最短的是一九七四年的二十九號颱風。壽命最長的是一九八六年的韋恩颱風，時間長達十九天。

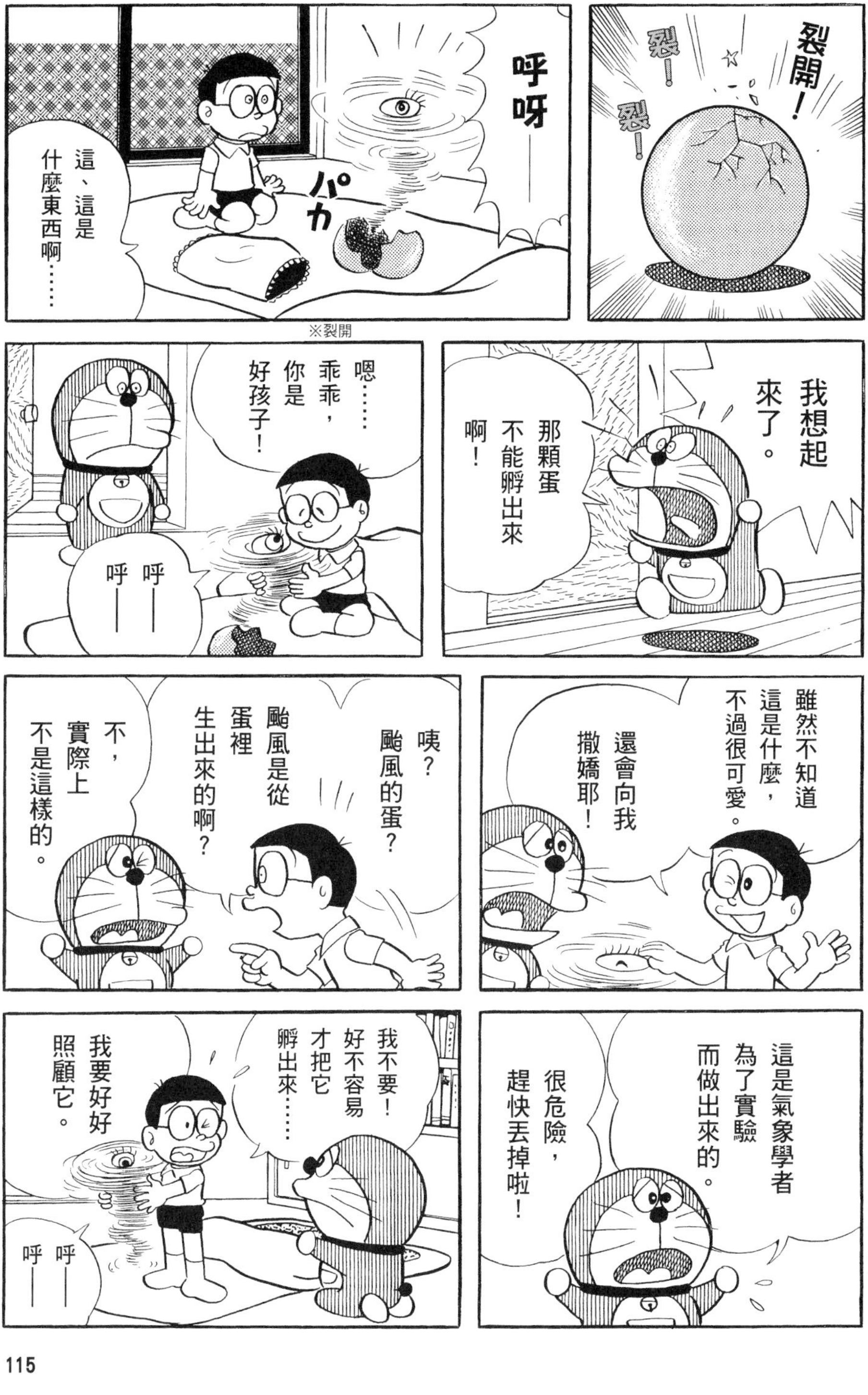
裂開！
裂！
裂！
呼呀——
パカ
這、這是什麼東西啊……
※裂開
我想起來了。
那顆蛋不能孵出來啊！
嗯……乖乖，你是好孩子！
呼——呼——
雖然不知道這是什麼，不過很可愛。
還會向我撒嬌耶！
咦？颱風的蛋？
颱風是從蛋裡生出來的啊？
不，實際上不是這樣的。
這是氣象學者為了實驗而做出來的。
很危險，趕快丟掉啦！
我不要！好不容易才把它孵出來……
我要好好照顧它。
呼——呼——

颱風的飼料，
原來是熱空氣啊！
等一下，
還不行吃。
可以吃了。
好吃嗎？風子。
讓他吃太多變得太大會很麻煩的。
去撿回來，風子。
好棒！風子真聰明。
如果你們欺負我，
風子可是會教訓你們的。

※嗡嗡

Q 颱風如何命名？①根據事先訂定的名字命名 ②颱風生成後再想名字

A ①根據事先訂定的名字命名。世界各國皆是依照世界氣象組織之颱風委員會事先訂定的名字，依序為颱風命名。

嗯？你也想一起睡？
真是愛撒嬌！
フーンフーン
※咻咻
你的睡相太糟囉！
※捲起
不管去哪裡都想跟來。真是頭大。回去。回去。
真是可愛。
呀啊！
啊，不可以惡作劇！
這是風子做的？
他的惡作劇越來越過分了。
趕快把那種東西丟掉啦！

我帶你到空中散步。
※咻咻
フウッ
フウッ
趁它玩得忘我時……
你不可以跟著我！
呼——
呼——
以後，我會叫它乖一點的。
我會把它關在壁櫥裡面。
有一個強烈颱風正朝著日本前進。
直線往日本撲來。
糟糕了，好像很嚴重的樣子。

百變天氣放映機Q&A

Q 颱風的最低認定標準為風速每秒17.2公尺，這樣的風速下無法做哪件事？①寫字 ②晒棉被 ③跳繩

A ③跳繩。日本橫濱國立大學曾舉行「颱風共通一次考試」所出的問題，實際進行實驗，驗證在這樣的風速下無法做的事情。

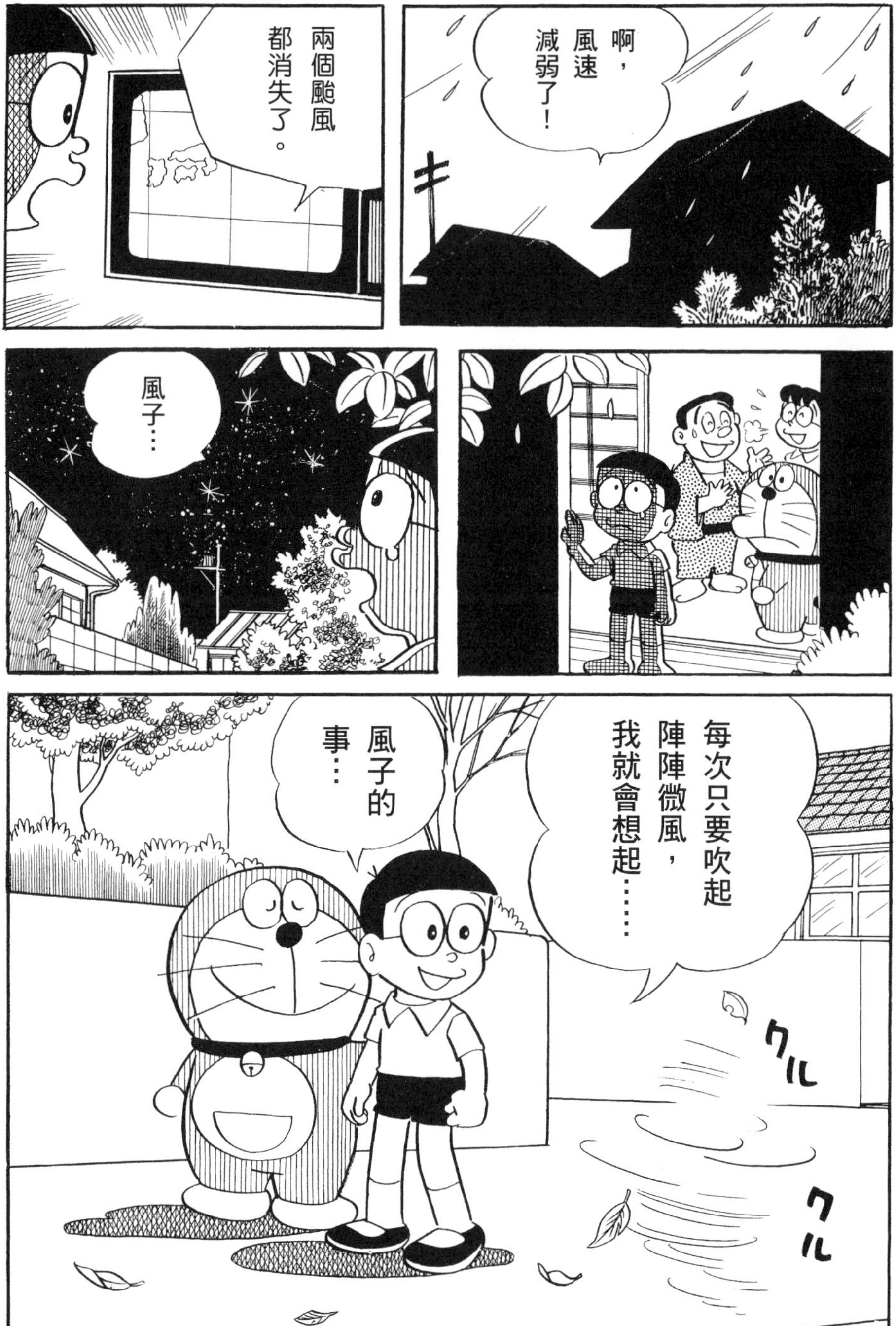
啊，風速減弱了！
兩個颱風都消失了。
風子……
每次只要吹起陣陣微風，我就會想起……
風子的事……
クル
クル

※咻咻

颱風有「老家」嗎？

一整排積雨雲孕育出颱風的種子

北緯五度到二十度之間的海面是颱風的出生地，這一帶全年日照強烈，海水溫度升高，備齊了颱風生成的條件。實際調查發現，全球每年會生成大約三十個颱風，其中大部分來自這個海域。

最常發生颱風的地區

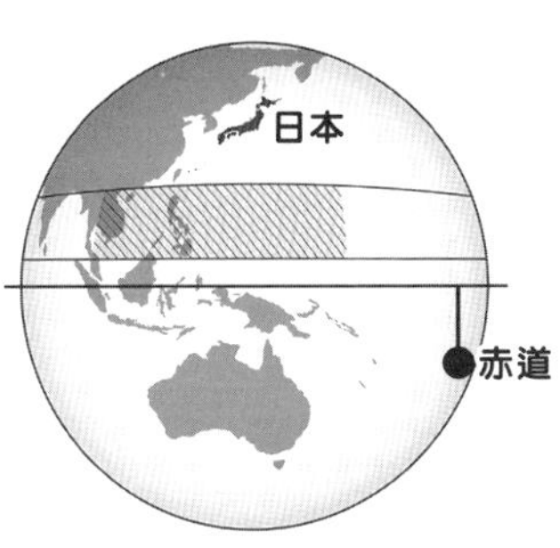

▶這是日本氣象衛星「向日葵」號所拍攝的地球照片，可以看見雲團聚集在赤道附近。

影像提供／日本氣象廳

左上方照片是以人造衛星的特殊相機（紅外線相機）所拍下的海域照片，從照片中不難看出位於高空的白色低溫雲層，像帶子一樣連在一起。

這片雲帶就是積雨雲，稱為「雲團」。一般認為雲團是「熱帶性低氣壓」的生成因子之一，當熱帶性低氣壓增強，生成颱風的機率就會增加。

特別專欄

颱風因生成地點而有不同名稱！

從氣候現象來說，「颱風」、「颶風」與「氣旋」都是同樣的現象，指的都是發達的熱帶性低氣壓。會有名稱上的不同純粹是因為生成的地點不同。此外，只有最大風速達 17.2m/s 的熱帶性低氣壓才能被稱為「颱風」。

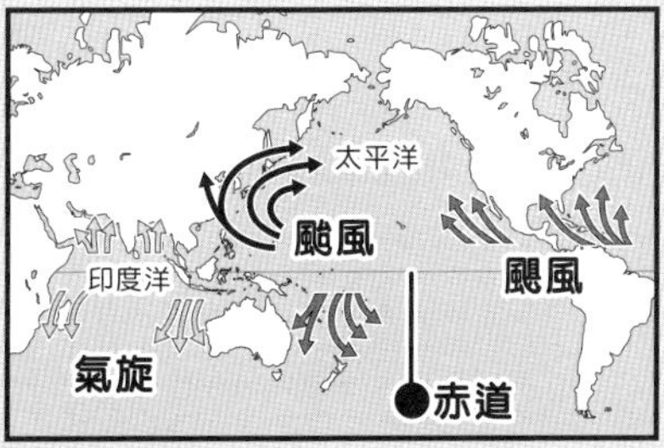

插圖／加藤貴夫

颱風的
飼料，
原來是
熱空氣啊。

颱風的形成原理

海洋製造的大量水蒸氣是颱風生成的動力來源

颱風只會在水溫超過攝氏二十六度的海域形成。接近水面的空氣富含水蒸氣，這股溫暖潮溼的空氣在加溫後就會變輕，逐漸往上升，在高空冷卻形成雲。

當水蒸氣變成水滴再形成雲，就會產生大量熱氣，這股熱氣稱為「潛熱」。潛熱使周遭的空氣變暖後，空氣就會變輕，並繼續往上升。此時雲的中心氣壓下降，開始吸引溫暖潮溼的空氣進入。受到「柯氏力」（請參閱六十一頁）影響，這股風開始產生漩渦力。

伴隨這股旋渦狀的風而來的低氣壓就是「熱帶性低氣壓」，也就是颱風的種子。不斷旋轉的上升氣流促使熱帶性低氣壓捲起海面上的水蒸氣，持續吸收茁壯。

當颱風登陸或進入溫度較低的海面，颱風強度就會逐漸變弱，因為得不到水蒸氣的能量供給，威力自然就會下降。

颱風的形成過程

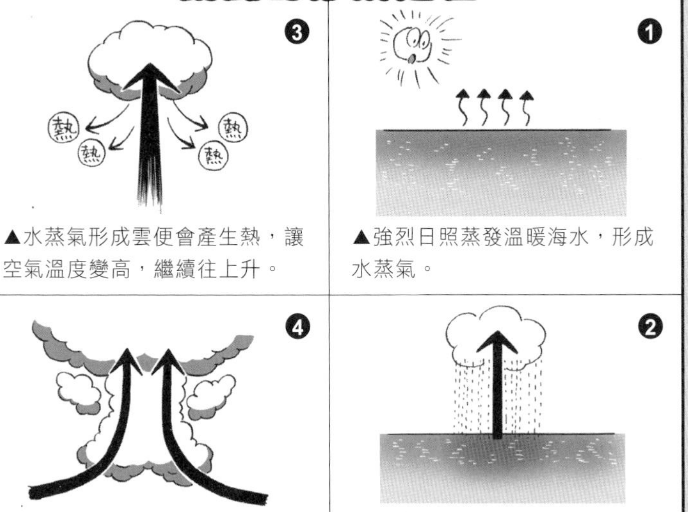
熱
熱
熱
熱

❶ ▲強烈日照蒸發溫暖海水，形成水蒸氣。

❷ ▲含有水蒸氣的暖空氣上升，形成雲。

❸ ▲水蒸氣形成雲便會產生熱，讓空氣溫度變高，繼續往上升。

❹ ▲溫暖潮溼的空氣流入中心氣壓變低的地方。

插圖／佐藤諭

插圖／加藤貴夫

解剖颱風！

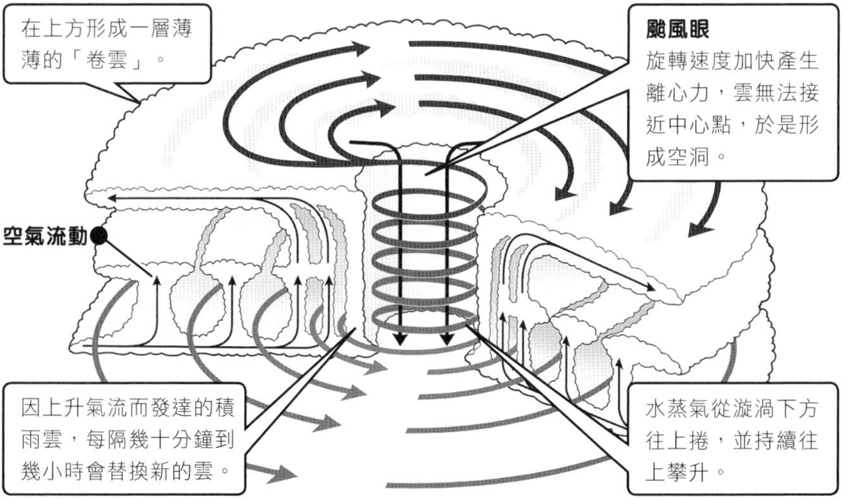
在上方形成一層薄薄的「卷雲」。
颱風眼
旋轉速度加快產生離心力，雲無法接近中心點，於是形成空洞。
空氣流動
因上升氣流而發達的積雨雲，每隔幾十分鐘到幾小時會替換新的雲。
水蒸氣從旋渦下方往上捲，並持續往上攀升。

颱風爲什麼不會出現在赤道正上方？

發生在北半球的颱風，其漩渦一定朝「逆時針」方向旋轉。另一方面，發生在南半球的氣旋（發達的熱帶性低氣壓）則朝「順時針」方向旋轉。這是受到「柯氏力」影響的結果。若沒有柯氏力，即使上升氣流發展出了厚厚的雲層，風也不會呈漩渦狀旋轉，也就不會形成颱風。

換句話說，不受到柯氏力影響的赤道正上方，原本就是無法形成颱風的自然環境。

特別專欄

「颱風」和「龍捲風」有何不同？

颱風和龍捲風都可說是在形成雲的過程中所產生的「空氣漩渦」，不過，兩者的規模相去甚遠。

龍捲風是一個直徑數十到數百公尺的漩渦，移動距離只有數公里。相較之下，即使是小型颱風，直徑也高達一百公里，而且會在維持這個大小的狀態下，移動數千公里。

此外，颱風是在「柯氏力」影響下所生成的，所以總是朝相同方向（逆時針）旋轉；龍捲風並未大到受柯氏力影響的程度，因此每個龍捲風的旋轉方向皆不相同。

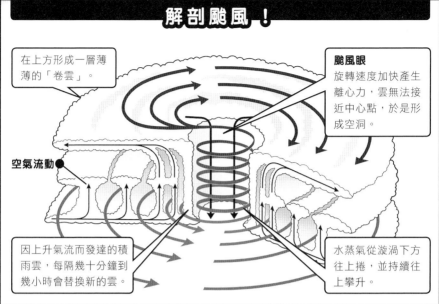

颱風爲什麼會侵襲我們？

有一個強烈颱風正朝著日本前進。

颱風不只發生在夏秋兩季 一年四季都會生成

夏秋兩季是颱風侵襲頻繁的季節，事實上，其他兩季也會形成颱風。

左圖是颱風路線圖，如圖所示，除了夏秋的颱風季節之外，颱風在其他季節都是朝西北方向直線前進。

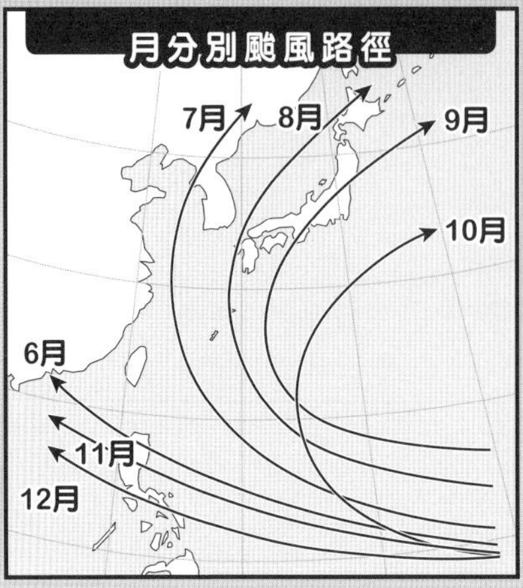

月分別颱風路徑
6月
7月
8月
9月
10月
11月
12月

插圖／加藤貴夫

這是因為颱風的行進路線與太平洋高壓的位置有關。太平洋高壓在夏秋兩季稍微往西偏，颱風便沿著太平洋高壓形成的弧線走，通常會經過日本上方。

颱風「右側」的風勢較強

颱風受到柯氏力的影響，風朝逆時針方向吹。因此，颱風本身的風與在後方推動颱風往前走的風，會在行進方向的右側呈現相同風向，使風勢變強。反觀左側，颱風本身的風與前進方向相反，兩股力量互相抵銷，風勢便會減弱。

航海界將颱風左右兩邊風勢不同的狀況，分別取名為「危險半圓」以及「可航半圓」。在海面上航行與作業的船隻經常利用這兩項指標躲避颱風。

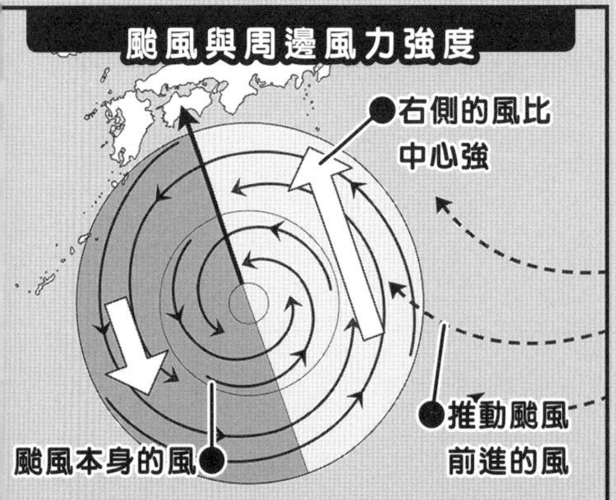

颱風與周邊風力強度
右側的風比中心強
推動颱風前進的風
颱風本身的風

插圖／加藤貴夫

出處／NASA

▲NASA的地球觀測衛星於二〇一三年十一月所拍攝到的強烈颱風。

地球暖化越厲害 颱風就會越大！

研究報告指出，地球暖化會導致颱風規模越來越大。該項研究更進一步預測，氣溫上升致使海水溫度升高，到了二十一世紀後半，就會形成前所未有的超級颱風，帶來無法想像的災情。

這是基於「若不想辦法阻止地球暖化，海水溫度將持續上升」的假設，利用超級電腦「地球模擬器」計算地球空氣流動狀況，所做出的氣象預測。

近年來世界各地紛紛出現無預警豪雨等異常氣候，一般認為這與地球暖化息息相關。今後需要更進一步的觀測與研究，才能充分因應颱風巨大化的危機。

特別專欄

颱風的大小與強度

如下表所示，中央氣象局依照颱風大小與強度進行分級，並根據 WMO（世界氣象組織）的國際標準，以 10 分鐘平均最大風速區分強度等級。順帶一提，美國是依據「薩菲爾－辛普森颶風等級」區分颶風強度，以 1 分鐘平均最大風速為基準。各國對於颱風的名稱不一，自然有其相對應的測量方法。

中央氣象局	風力級數	最大風速（秒速/10分鐘平均風速）	強度
熱帶性低氣壓	6-7	17.1m/s以下	很難逆風行走。
輕度颱風	8-9	17.2m/s ～25m/s以下	樹枝折斷。
	10-11	25m/s ～32.6m/s以下	部分屋頂或窗戶破裂。
中度颱風	12-15	32.7m/s ～50.9m/s以下	樹木傾倒、大樓受損。
強烈颱風	16	51m/s ～53m/s以下	屋頂和窗戶嚴重損壞。
	17	54m/s以上	大樓受災嚴重，引發洪水。

※本表數據係依照台灣中央氣象局資料改寫

插圖／佐藤諭

寬廣的日本

※匡啷
ガシャーン
可惡！
都是因為你沒接到球！
沒辦法啊……
胖虎你打的全壘打，職業選手也接不到啊。
這麼說也對……
真想在寬廣的棒球場上，好好的打一場。

Q 地球上所有海洋皆彼此相連。這是真的嗎？

房租又漲價了。
真希望可以早點擁有自己的家。
別作夢了。
地價也在漲呢……
是啊……
為什麼一直在漲價呢……
因為沒土地啊。
日本實在是太狹小了。
※跌倒
冒失鬼。
才不是呢！
都是因為日本太狹小我才會跌倒！
？
要是我生長在土地遼闊的國家就好了。
那麼，把土地變大吧！
什麼!?

A 真的。雖然海洋名稱不同，例如太平洋、日本海，但一定有交界處。換句話說，地球上只有一片海。

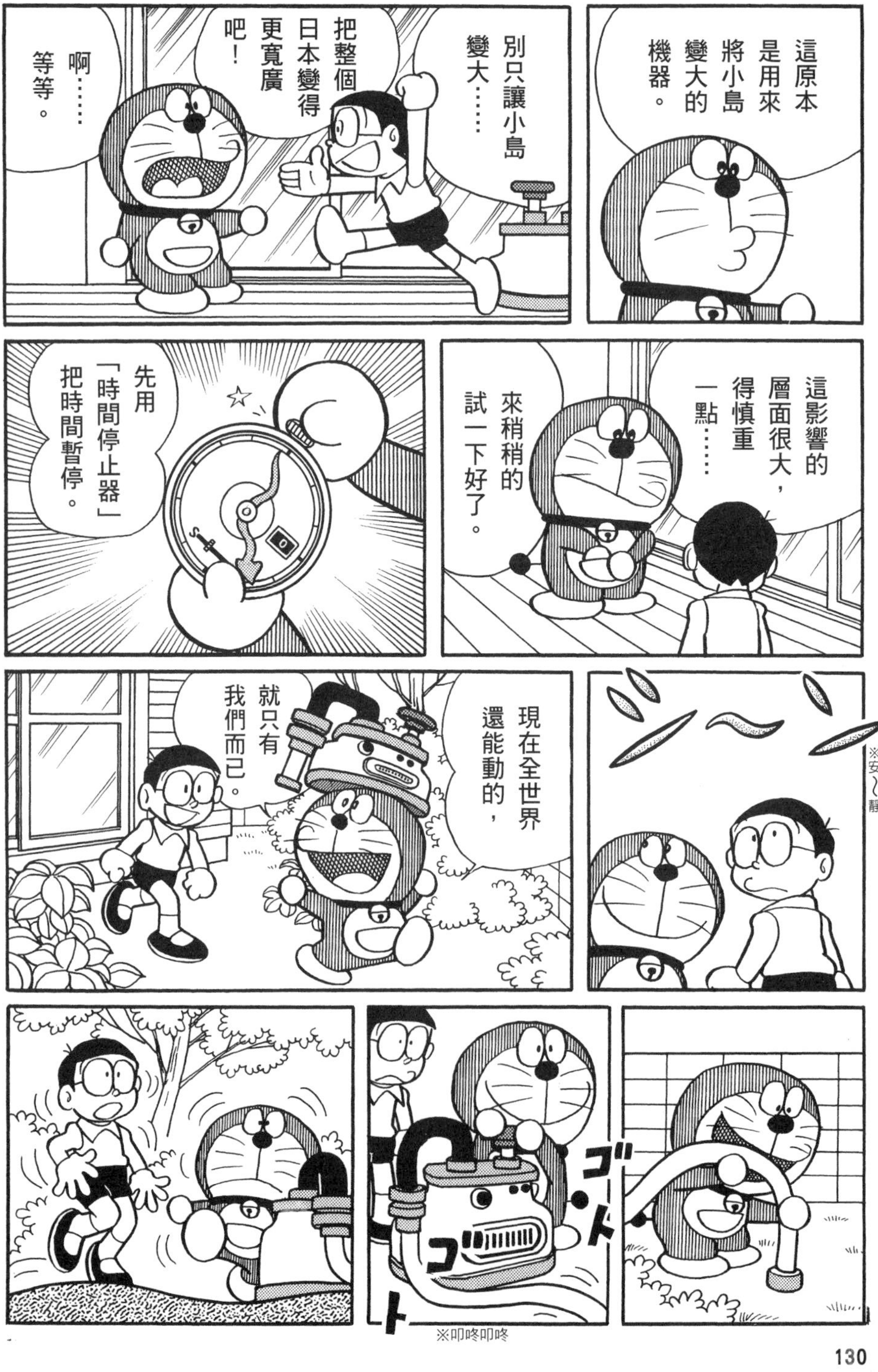
這原本是用來將小島變大的機器。
別只讓小島變大……
把整個日本變得更寬廣吧！
啊……等等。
這影響的層面很大，得慎重一點……
來稍稍的試一下好了。
先用「時間停止器」把時間暫停。
※安～靜
現在全世界還能動的，
就只有我們而已。
ゴト
ゴト
※叩咚叩咚

百變天氣放映機Q&A

Q 從外太空觀測地球，陸地與海洋何者較多？①陸地 ②海洋

A

②海洋。地球表面大約有百分之七十是海洋，陸地只有占百分之三十左右。

※搖晃
グラグラ
哇啊……
無法站穩……
好像大地震。
差不多這樣就好了。
好像沒什麼改變嘛……
住家或有牆圍起來的地方不會改變。
發射衛星來看看日本現在的樣子吧。
シュポ
※發射
哇啊——日本變得這麼寬啊!!

Q 南北半球相較之下，北半球的海洋面積較多。這是真的嗎？

A 假的。北半球的陸地約占地球的六成八，南半球約占三成二，因此北半球的陸地較多。也就是說，海洋面積較少。

※點頭
コックリ
他們說高興。
他們高興我就滿足了。
用「夢境擴音器」……
對正在夢遊的人們呼籲一下。
各位……現在是早晨，請維持正常作息吧！
鼾……
慢走。
真驚人，每家之間都隔著一百公尺寬。
咦……
遠遠的走過來的人是……
早啊，靜香。

百變天氣放映機Q&A

Q 大海中地球最深的地方，比聖母峰的八千八百四十八公尺還深。這是真的嗎？

A 真的。馬里亞納海溝是地球上最深的地方，其最深處「挑戰者深淵」的深度約為一萬零九百一十一公尺。

連心情也跟著變好了。
早。
可以盡情揮出全壘打囉！
不過……
好遠喔。
平常要花十五分鐘上學，十倍的話……就是一百五十分……
兩個小時半!?
不快點會遲到的!!
不行了！
跑不動了。

不錯吧，就算開得再大聲，也不會吵到鄰居。
什麼……學校太遠了？
等公車通了，就會方便多了，暫時忍耐點……
鼾。
鼾。
來找你去打棒球了。
好好玩吧……
土地變大是很好，
但不管去哪裡都變得很遠。

百變天氣放映機Q&A

Q 一般人將海稱為海洋，事實上，洋是指比海更大的海面。這是真的嗎？

A 真的。地球上有許多海以及與其相連的海域，但大洋指的是太平洋、大西洋、印度洋、北冰洋（北極海）和南冰洋。

百變天氣放映機Q&A

Q 聖嬰現象的原文「El Niño」是哪一國語言？①英語②法語③西班牙語

A

③西班牙語。意思為小男孩，也代表基督教的聖子耶穌（耶穌基督）。

海洋變化會影響地球的整體氣候？

海洋讓風吹動　風吹動海洋

地球表面約七成是海洋，而且地球表面的水約百分之九十七是海洋的水，也就是海水。海水的特性就是溫度變化比空氣（地球大氣）穩定，不易變暖也不易變冷，而且難度高達四倍。不僅如此，海水密度約為空氣的九百倍。以同樣體積及溫度的海水與空氣相比較，海水蘊藏的能量約為陸地的三千六百倍。

海水蒸發引發上升氣流，到高空形成雲，同時將海水擁有的能量釋放到高空，大氣就會變暖，上升的氣流也會越來越強。暖空氣的密度較小，連帶使得這個區塊的氣壓變低。換句話說，海水蒸發就會形成低氣壓。上升氣流在高空冷卻形成下沉氣流，將空氣往下帶。冷空氣的密度升高，形成高氣壓。就像物體從高處往下掉的原理，空氣也會從氣壓較高的地方往低處流動。大氣從高氣壓往低氣壓流動的過程便會形成風。

當杯子裡有水，我們對著水面吹氣，會在水面形成波紋。同樣的道理，當風吹過海面，也會在海面形成波浪，或讓海水往風吹的方向移動。風力和地球自轉創造出往固定方向流動的洋流。

洋流會將溫暖的海水運送至地球各個角落，對每個地區的氣候變化產生極大的影響，這就是洋流的作用。

海洋所擁有的能量，可以移動大氣形成風。風可以吹動海洋，形成洋流。洋流則會影響大氣變化。由此可知，海洋與大氣之間的關係著實密不可分。

▼小箭頭代表的是主要的表層洋流，粗線代表的是深層洋流的流動路線。這就是繞行一圈費時兩千年的海洋大循環。

插圖／加藤貴夫

流經全球海洋深處的大洋流——

在北大西洋格陵蘭海域的海水因大氣變冷，結凍成冰。含冰的海水鹽分濃度變高，重量比附近海水重，沉入深約四千公尺的海底。這股下沉海水就是深海洋流的起源。深海洋流受到地球自轉影響，沿著海底西邊流動。從北大西洋的格陵蘭海域，沿著美國大陸東岸南下，與來自南極海洋的深層流交會，流經印度洋、太平洋，在北太平洋的美國西岸湧至表層。深層洋流的速度遠比表層洋流慢，秒速只有一到十公分左右。

科學家利用氚等元素進行觀測，發現深海洋流會花兩千年左右的時間，繞行地球海洋一圈。深海洋流又稱為溫鹽環流，與表層洋流交會形成海洋大循環。

洋流可以影響氣候？

英國的首都倫敦，位於北緯五十一度。如果與日本都市相比較，北海道的札幌市位在北緯四十三度，倫敦的緯度位置比札幌更北，天氣應該更冷才對。不過，實際觀察倫敦氣溫就會發現，倫敦的平均氣溫為攝氏十一點八度，札幌市的平均氣溫為九度，倫敦竟然比札幌溫暖。這是因為從東北流經大西洋的北大西洋洋流，將南方的溫暖海水帶入英國海域的關係。

南美洲智利沿岸有一個寬一百五十公里、長一千公里的亞他加馬沙漠。大家可能認為沿海地區不可能缺水，但事實上，這一帶受到秘魯寒流影響，南極海的冰冷海水進入其海域，使得此處不容易形成雲也不會降雨，因此才會形成沙漠。

插圖／加藤貴夫

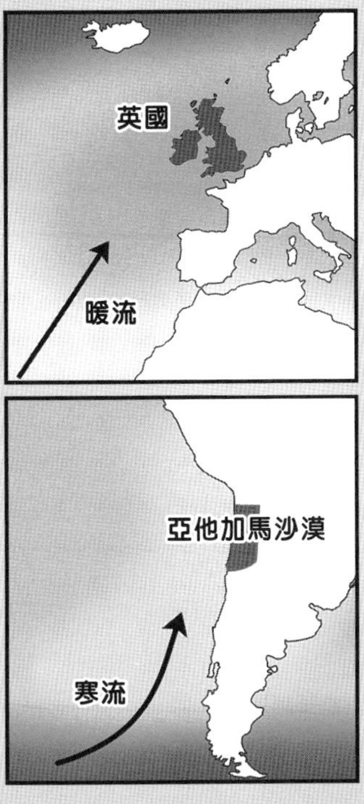

◀拜暖流所賜，英國的氣溫較同緯度地區溫暖。

◀受到寒流影響而沙漠化的亞他加馬。

聖嬰現象引起的全球異常氣候

聖嬰現象與南方振盪現象會引起什麼改變？

聖嬰現象發生在地球南邊的秘魯海域，導致海水表面溫度比往年高。海水溫度升高的狀態會持續半年到一年。當溫度比往年高零點五度的期間超過六個月，官方氣象機構便會認定為「聖嬰現象」；相反的，若這片海域的海水溫度比往年低，則是「反聖嬰現象」。

從氣壓觀測的觀點來看，當太平洋東邊的氣壓下降時，西邊的氣壓就會升高，產生輪替現象。這就是南方振盪現象。如今氣象界將海水溫度的聖嬰現象與氣壓的南方振盪現象，這兩個原本各自顯現在不同對象上的氣候變化，視為同一種現象。

低氣壓發達的海域擴散至太平洋東邊，就會產生氣壓配置的連鎖變化，影響層面不僅限於太平洋沿岸，還會擴及整個地球，在世界各地引起不同於以往的高溫、低溫、大雨或少雨等異常氣候。

聖嬰現象發生時，日本容易出現冷夏或暖冬；相反的，反聖嬰現象發生時，出現酷暑或寒冬的機率則會增加。

不過，有時也會產生例外情形。

插圖／加藤貴夫

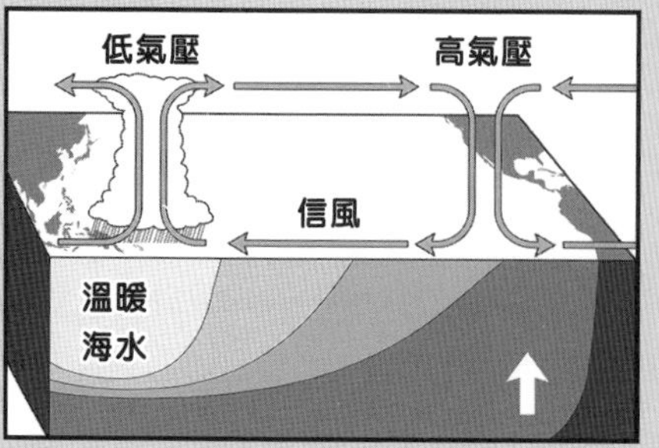

▲在正常情況下，赤道附近的溫暖海水受到信風帶與赤道洋流影響，往太平洋西方移動，在西太平洋形成低氣壓。

▼當信風帶與赤道洋流減弱，溫暖海水就會流動至太平洋中央，在高空形成低氣壓。此時吹進西風，讓溫暖海水進一步擴散。這個狀態就是聖嬰現象。

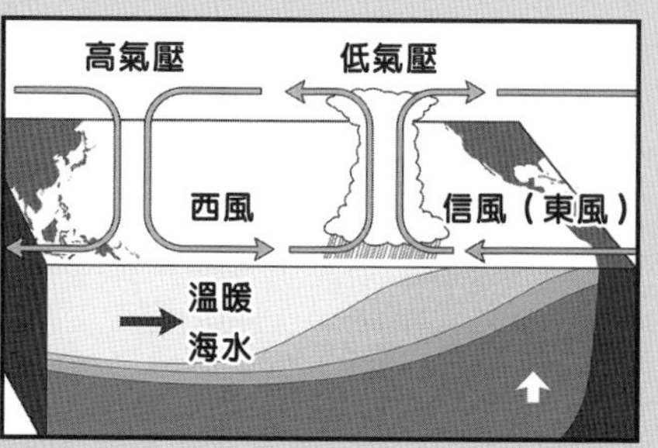

插圖／加藤貴夫

例如：二〇〇二年出現聖嬰現象，但當年夏天卻異常炎熱。氣象形成的原因相當複雜，無法只看單一的現象解釋，一定要特別小心。

近年來，氣象學家也觀察到與典型聖嬰現象不太一樣的「非典型聖嬰」。此現象是由日本山形俊男博士發現命名，因此在非日本地區稱為「El Niño Modoki」。

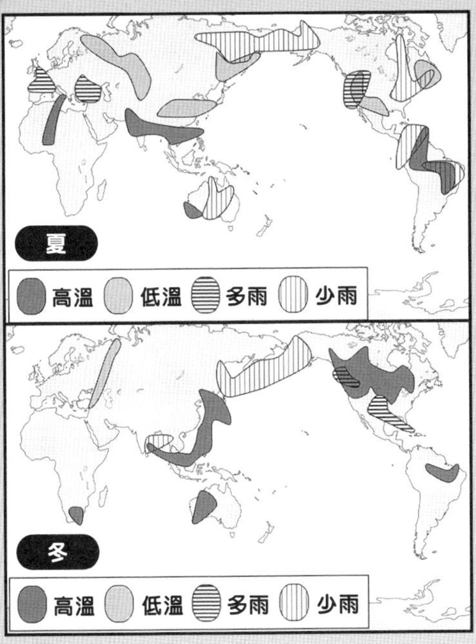

◀從氣溫和降水量統整受到聖嬰現象影響，在夏季和冬季出現的全球性異常氣候特性。本圖是依據日本氣象廳官網資料製作而成。

插圖／加藤貴夫

目前已經可以預測聖嬰現象的發生

聖嬰現象在全球造成異常氣候，若能提早預知聖嬰現象的發生，就能針對災情建立解決方案。

使用超級電腦計算的大氣海洋耦合模式，是目前用來統合預測大氣作用和海洋影響的氣象預報程式。只要在系統中輸入海水溫度等觀測數據，就能預測未來一年是否會發生聖嬰現象。

另一方面，受到地球暖化影響，目前已有研究報告指出，聖嬰現象的特性正在改變。

氣象學家的深入研究，有助於實現更精準、期間更長的預測系統。

插圖／佐藤諭

哇啊——日本變得這麼寬啊!!

世界第一洋流「黑潮」是決定日本氣候的主因？

流經日本列島南端的大洋流

從東往西流經赤道的北赤道暖流轉向北，從東海往東流向日本南岸。這股暖流就是黑潮。由於赤道附近的溫暖海水流經此處，使這片海域即使在冬天亦可保持將近二十度的水溫。黑潮寬度約一百公里，流速為時速七公里。這個速度相當於游泳比賽兩百公尺自由式的世界紀錄。這股暖流水質澄澈，看起來像深藍色，故命名為「黑潮」。黑潮的流經路線大致分成兩種，第一種是沿著日本南岸的非蛇行流軸；另一種則是在紀伊半島海域大幅向南彎曲的蛇行流軸，稱為「黑潮大蛇行」。全世界還有幾股洋流媲美黑潮，但只有黑潮有大蛇行。

插圖／加藤貴夫

非蛇行流軸
蛇行流軸

▲從位於日本近海的黑潮流經路線。

日本的日本海沿岸是世界第一的豪大雪地帶

綜觀全世界，一年降下一公尺以上積雪的地區其實不多。以人口超過一百萬人的大都市來說，加拿大的蒙特婁每年下超過兩公尺的雪，日本的札幌市每年則下六公尺。

溫暖的對馬海流在日本九州南端從黑潮分支出來，流入日本海。這股暖流為日本海沿岸地區帶來豪大雪。每年冬天，西伯利亞高壓接近日本海，從西北方往下吹的冷冽季節風通過溫暖的對馬海流上方，就會大量吸收對馬海流蒸發的水蒸氣，形成潮溼冷風，當這股冷風從日本海登陸，碰撞到日本列島的高山，就會降下大雪。

▲日本石川縣金澤市的冬天。

傳送空氣衛星

Q 高山上的氣候寒冷，山的高度每上升一百公尺，氣溫下降幾度？①攝氏六度 ②攝氏零點六度

A ②攝氏零點六度。當平地氣溫為三十度，標高三千七百七十六公尺的富士山山頂氣溫則不到七度。

空氣罐？真的假的？
當然是在現場將空氣擠壓進罐子裡的。
把夏威夷的空氣罐放在耳邊，閉上眼睛，彷彿聽得到夏威夷的海浪聲。
借我看一下。
※啪嚓
聞聞~
沒什麼啊。
啊~你打開了!!
打開空氣就沒了！
這本來就是靠保存在罐頭裡的空氣讓人沈醉在作夢的樂趣裡的。
什麼嘛！真無聊。
把夏威夷的空氣還我!!

Q 給人炎熱印象的沙漠也會下雪。這是真的嗎？

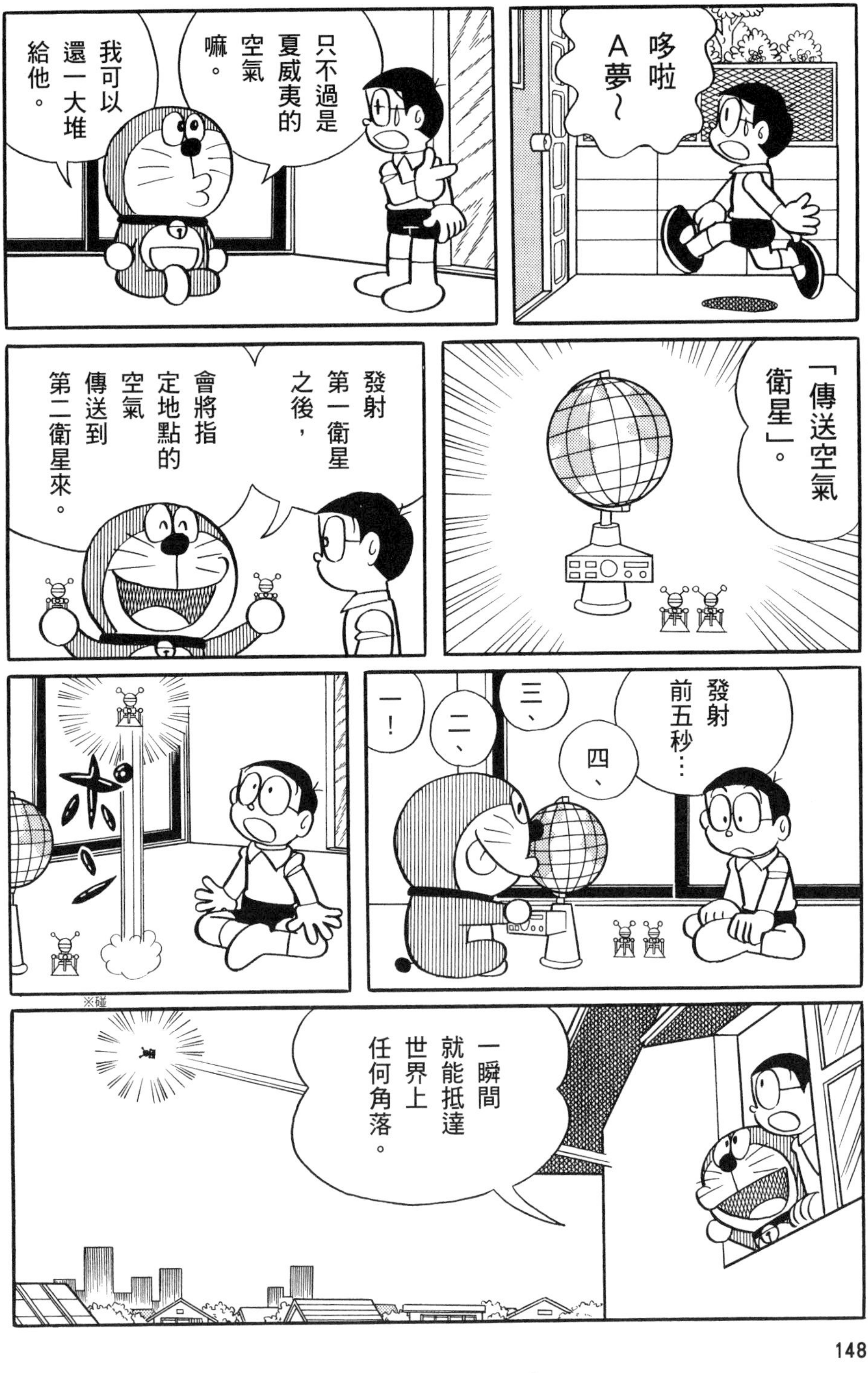
哆啦A夢～
只不過是夏威夷的空氣嘛。
我可以還一大堆給他。
「傳送空氣衛星」。
發射第一衛星之後，會將指定地點的空氣傳送到第二衛星來。
發射前五秒……
四、
三、
二、
一！
※碰
一瞬間就能抵達世界上任何角落。

A 真的。沙漠只是降雨量少，但有些沙漠一到冬天氣候也會變寒冷。順帶一提，中東國家約旦的沙漠會下雪。

再將這根針…
插在夏威夷的位置上，剛剛發射的衛星就會停留在夏威夷上空。
啊，另一個衛星動了…
ピョコン
※上升
變得好溫暖喔！
藉由衛星傳輸，已經將夏威夷的空氣送過來了。
你仔細聽看看。
嗯，有海浪聲，還有椰子葉窸窣的聲音…
ザァ…
※沙沙
清爽的微風…
好像真的到了夏威夷。
ソヨ
ソヨ
※窸窣窸窣
裝滿夏威夷的空氣。
還你。

Q

全世界積雪最深的地方在日本。這是真的嗎？

A 真的。世界最深積雪紀錄是橫跨日本滋賀縣與岐阜線的伊吹山，高度為十一點八二公尺。

Q 撒哈拉沙漠的一粒沙有多大？①零點零一釐米 ②零點一釐米 ③一釐米

※發抖

A
③一釐米。受到風化影響，幾乎所有沙粒都只有一釐米大，而且是沒有稜角的圓形沙粒。

※嘩啦

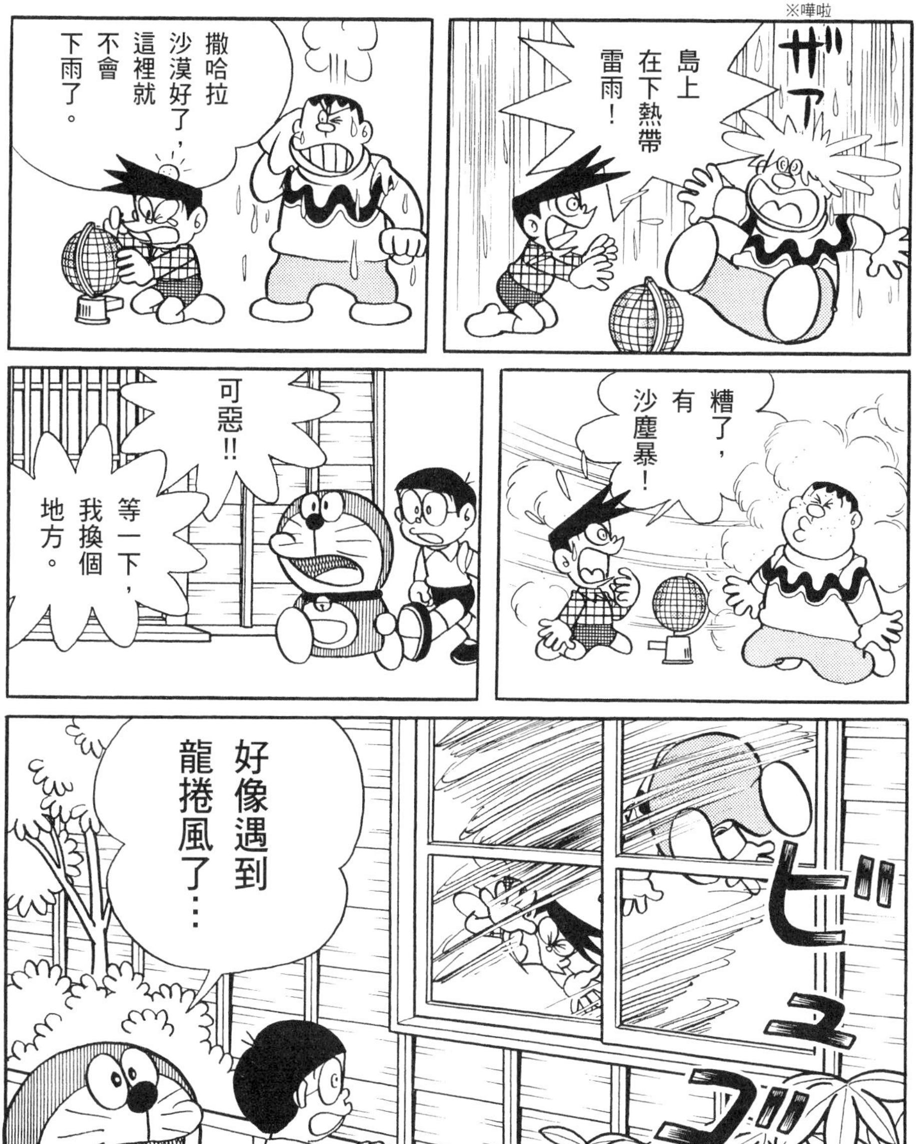
ザァ
島上在下熱帶雷雨！
撒哈拉沙漠好了，這裡就不會下雨了。
糟了，有沙塵暴！
可惡!!
等一下，我換個地方。
好像遇到龍捲風了……
ビュゴォォ

※狂風

酷暑、嚴寒……差異甚大的全球氣候

全球共分成五個氣候帶

統整世界各地每個地區的氣溫、降水量等氣象特徵即為氣候。各地區接受多少日照，深深影響該區域的氣候變化。從赤道沿著緯度往極圈方向，大致可分成五大氣候，分別是熱帶、乾旱、暖溫帶、涼溫帶與極地，這些就是氣候帶。

實際氣候會受到洋流和地形影響，進一步細分，有暖流經過的地區，例如黑潮或墨西哥灣流，該地區通常會比相同緯度的其他地方溫暖。日本鄰近太平洋的區域之所以比較溫暖，是因為此處有黑潮流過；相反的，寒流流經的地區，氣候就容易變冷。這項氣候分類法是由德國氣候學家弗拉迪米爾・彼得・柯本所發展出來的，受到自然植被特性啟發，根據氣溫和降水量分類。在柯本氣候分類法中，分類標準只有能否長出樹林而已。

可長出樹林的有林氣候為熱帶、暖溫帶與涼溫帶；無法長出樹林的地區包括南極等嚴寒極地，以及如沙漠般不下雨的乾旱地帶。根據柯本氣候分類法，日本大部分處於暖溫帶的溫暖溼潤氣候，北海道和東北部分地區屬於涼溫帶的涼爽溼潤氣候，南西群島則是熱帶的熱帶雨林氣候。

插圖／加藤貴夫

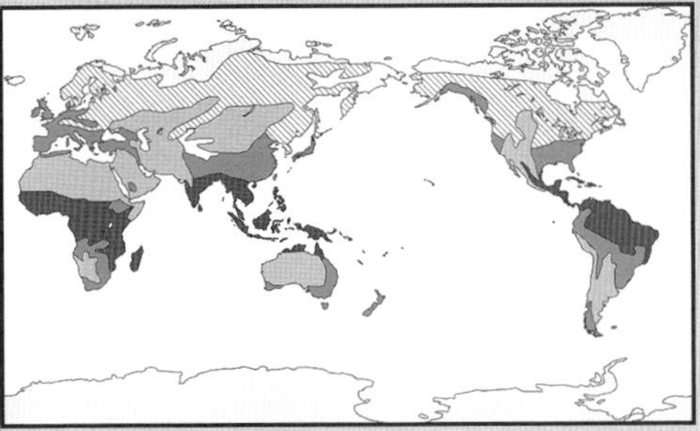

▲世界氣候帶的分類狀況。相同圖案的範圍朝經度方向（橫向）帶狀延伸。

▼雖是同一顆太陽散發出的光線，但在赤道與高緯度地區，日照面積差異甚大。

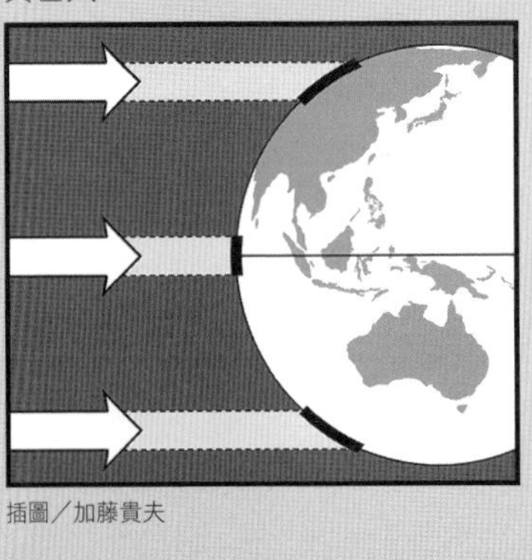

插圖／加藤貴夫

從赤道附近往外擴展的熱帶氣候

熱帶從赤道附近往低緯度擴展，氣候特性為一年四季氣溫炎熱，降水量較多。最高與最低氣溫的溫差超過攝氏十八度。赤道下方為熱帶輻合帶，信風從南北向吹入，持續發生低氣壓，是熱帶雨林生長的地區。

稍微離開赤道則是雨季和乾季清楚分明的熱帶氣候。熱帶輻合帶受季節影響南北移動，一旦來到乾燥的中緯度高壓帶，便形成不降雨的乾季。這就是疏林草原氣候，為地球帶來一大片草原景緻。

特別專欄

熱帶

熱帶（Tropics）總是帶給人一種自由奔放的南國印象，事實上 Tropics 原本指的是南北回歸線。

回歸線是夏至和冬至時，太陽直射地面的連線。涵蓋在這兩條線的區域就是熱帶。

南回歸線的英文名稱是「Tropic of Capricorn（摩羯座回歸線）」，冬至從地球上看太陽，剛好就是摩羯座的所在位置，因此得名。

夏季不到攝氏十度的極地氣候

地球上最難接收到太陽能量的地方就是北極與南極，接近極點的高緯度地區就是寒帶，也就是極地。這裡一年四季都很冷，每年最溫暖的月平均氣溫不到零度的區域為「冰冠氣候」。幾乎一整年處於冰封狀態的南極大陸就是最好的例子。最溫暖的月平均氣溫不到十度者為「苔原氣候」。雖然不像冰冠氣候嚴寒，但還是很冷。此處有一整片永凍土，夏季會稍微融解，生長青苔等植物。

特別專欄

永夜與永晝

當緯度超過六十六點六度的地區一整天沒有太陽，便進入永夜狀態。在接近極點的地區，有半年期間處於漫漫長夜。永晝則與永夜相反，太陽一整天都不會西下。想像中這樣的天氣應該會很熱，事實上太陽不會升高，所以氣溫還是很低。

▲看來像是在地平線滾動的太陽。

影像提供／日本國立極地研究所

日本地形狹長且具有多樣化的氣候

日本地形南北狹長有什麼樣的氣候特徵？

以國土面積來說，日本屬於南北狹長的國家。從北海道最北端的宗谷岬，到最南端有人居住的波照間島，長約兩千九百公里，緯度相差二十一度三十分左右。南北狹長的特性顯現在氣候差異上，有鑑於此，日本政府發展出獨特的氣候劃分方式，清楚區分日本氣候型態。

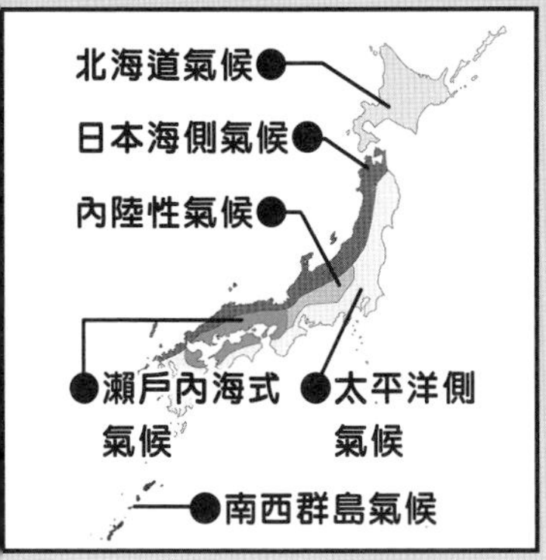

▲日本發展出特有的氣候劃分法。

插圖／加藤貴夫

從北海道到東北部分地區屬於涼溫帶的涼爽溼潤氣候。涼爽溼潤氣候的特性就是夏季炎熱，一年中最冷月分的平均氣溫不超過零下三度。看似不適合人類居住的環境，但若綜觀整個地球，這卻是占地最廣的氣候類型。日本特別將北海道的氣候型態稱為「北海道氣候」，加以區分。北海道氣候的特色之一就是沒有梅雨。此外，從本州、四國到九州的氣候幾乎都是暖溫帶的溫暖溼潤氣候。

話說回來，日本太平洋沿岸與日本海沿岸的實際氣候大不相同。「太平洋側氣候」的夏季多雨，高溫高溼；冬季吹起乾燥的北風，因此空氣較乾。另一方面，「日本海側氣候」的夏季少雨，冬季則會下大雪。溫暖溼潤氣候兼具這兩種氣候型態的特性。

日本中央附近則是「內陸性氣候」，不只早晚溫差大，夏冬兩季的溫感差異也很劇烈。瀨戶內海沿岸的「瀨戶內海式氣候」受到中國與四國山區的圍繞，不易受風影響，一年四季維持穩定的天氣與溼度。波照間島所在的南西群島屬於熱帶的熱帶雨林氣候，全年炎熱多雨，在日本稱為「南西群島氣候」。

日本不僅每個地區都有豐富氣候，更橫跨冷溫帶、溫暖帶和熱帶三大氣候帶。

受到氣候影響 日本樹林與世界森林不同

你知道嗎？日本國土總面積將近有百分之六十六都是森林，相當於兩千五百公頃（一公頃為一萬平方公尺）。日本可以說是森林大國！

關東地區以南的天然林相以山茶花這類葉片較大的照葉林為主。位於九州的「綾之照葉林」是日本現存規模最大的原生照葉林。遺憾的是，過去數千年來日本人與森林共存的期間裡，將大多數的森林改成了落葉闊葉樹林，因此日本現在的照葉林已經所剩不多。

關東以北地區的冬季嚴寒，生長著大片落葉闊葉樹林，一到冬季葉子就會轉紅掉落。

◀白神山地的櫸木林是落葉闊葉樹的原生林。

影像提供／白神山地遊客服務中心

登錄在世界遺產的東北白神山地，是以櫸木林為主的落葉闊葉樹原生林。再往上進入冷溫帶，落葉闊葉樹無法在寒冷氣溫下生存，因此逐漸減少。取而代之的是松樹這類葉子像針一樣細的針葉林。

放眼全球的森林林相，從西伯利亞一直到北美洲的冷溫帶（亦稱亞寒帶），生長著一大片針葉林，名為泰加林。能在冷溫帶生存的樹種不多，因此相同樹木大量繁殖。

相反的，熱帶地區每年都會下超過兩千毫米的雨量，全年氣候溫暖，因此林相以綠意盎然的常綠闊葉林為主。由於熱帶地區的生物數量和種類較多，棲息在熱帶雨林的地球物種據說多達全球物種的一半。

▼高聳入雲的針葉林。

影像提供／OKUYAMA HISASHI

▼日本規模最大的綾之照葉林。

影像提供／綾町區公所

▼板根突出的熱帶雨林樹木。

影像提供／Tourism Australia

全球有四分之一的陸地是沙漠？

沙漠的形成原因

全球最大的撒哈拉沙漠橫跨北緯二十到三十度，總面積高達一千萬平方公尺。

在熱帶輻合帶生成的低氣壓引發上升氣流，隨著哈德里環流圈（請參閱第六十六頁）來到撒哈拉沙漠上空，在北緯三十度附近高空形成中緯度高壓帶。由於撒哈拉沙漠上空一整年都有高氣壓，使得這一帶成為幾乎不下雨的乾旱地區。久而久之，乾旱地區逐漸擴大，成為廣闊的撒哈拉沙漠。在這種情形下形成的沙漠也稱為中緯度沙漠。沙漠化的原因還有很多，包括來自高山的下沉氣流導致平地不降雨、離海太遠的內陸無法獲得水氣補給等。

插圖／加藤貴夫

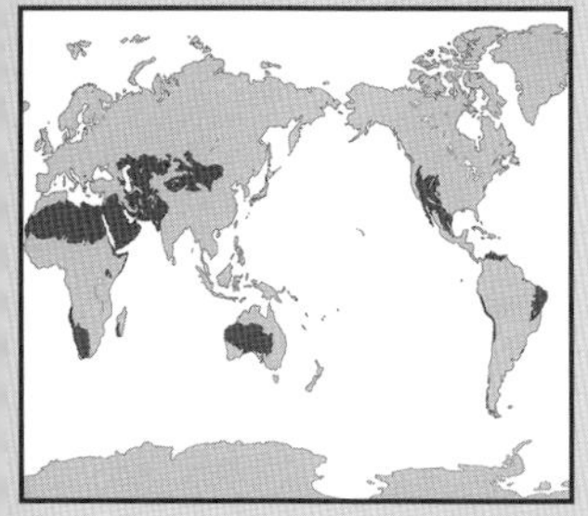

▲ 全球沙漠總面積約占整體陸地的四分之一。

沙漠也有種類

一提到沙漠，相信大家都會聯想到沙丘連綿的景色。事實上，純沙子的沙漠在全球沙漠類型占的比例最少。隨著時間演進，將沙子風化到無法再風化的堅硬石英微粒，是沙漠化最極致的狀態。

利比亞沙漠與喀拉哈里沙漠部分地區的沙漠幾乎全是石英微粒，風化程度已達極致。相反的，塔克拉瑪干沙漠的沙子含有各種物質，屬於風化程度輕微的沙漠。

地球上還有哪些沙漠？地球上的大部分沙漠都是由凹凸不平的岩石構成，屬於岩質沙漠。隨著時間過去，岩石會受到日夜溫差和風化影響慢慢粉碎破裂，表面逐漸形成石塊或數釐米大小的小石礫（小石頭），稱為礫質沙漠。根據構成物質細分礫石，接近細黏土或泥土狀態的沙漠統稱為土質沙漠。值得注意的是，由於原有岩石的組成成分不同，並非所有沙漠都會風化成石英沙漠。

在乾旱沙漠中出現淡水的地方稱為綠洲。除了地下水湧泉形成的綠洲之外，還有尼羅河等河流形成的綠洲，以及山上積雪融化後形成的綠洲。在嚴酷的沙漠環境中，綠洲是人類唯一能生存的地方。

◀綠洲是沙漠中少數有人定居的地方。

影像提供／鳥取大學乾燥地研究中心

影像提供／ Tourism Australia

插圖／佐藤諭

特別專欄

又熱又冷的沙漠氣候

沙漠通常給人酷暑炎熱的印象。夏季白天的沙漠確實很熱，撒哈拉沙漠的氣溫經常飆破 50℃。不過，大家不妨想像一下夏季的海灘，沙灘上的沙子很容易變熱，也很容易冷卻。由於沙漠空氣中的水蒸氣含量極少，加上沒有植物，無法鎖住熱氣，受到輻射冷卻效應，一入夜氣溫便直線下降，黎明時甚至會低到接近 0℃。由此可見，沙漠中的日夜溫差相當大。沙漠的冬季氣候更是嚴峻。位於內蒙古的戈壁沙漠，每年春天都會隨著風為日本帶來黃沙。戈壁的夏季最高溫超過 45℃，但寒冬的一到二月之際，卻會出現最低溫低於 -40℃的情形。有別於沙漠給人的酷熱印象，極寒世界也是沙漠的另一個面貌。

全世界最寒冷的沙漠是南極大陸。南極沿岸地區的年降雨量為 200mm（毫米），內陸更少，只有 50mm，從降水量來看也算是沙漠。在全世界觀測史上，南極曾經創下冬季最低溫 -93.2℃的紀錄。

明天，全國都是陰雨的天氣。
低
低
低
1014
高
1026
1020
低
1012
聽說明天會下雨耶。
那就不能去健行了。
放心吧！明天一定是晴天。
氣象報告說是雨天啊！

天氣箱
跟你說是晴天就是晴天！
一定是雨天啦！
好！輸的人要讓對方揍三拳！
三拳太沒意思了，三十拳好了。
哼哼哼！
呵呵呵！

百變天氣放映機Q&A

Q 天氣預報中預測隔天天氣的準確率約百分之幾？①七十五 ②八十五 ③九十五

A ②百分之八十五。降雨預報的準確率約為百分之八十五，而且準確率每年都會提高。

百變天氣放映機Q&A

Q 天氣預報的每週天氣預報，準確率約百分之幾？①五十 ②六十 ③七十

A ③百分之七十。超過三天的天氣預報準確率會逐漸下降，每週天氣預報的後半週（三到七天後），準確率平均約為七成。

Q 日本在發表天氣預報時也會同時公布可信度。這是真的嗎？

A 真的。日本氣象廳的每週天氣預報，第三天以後的降雨機率同時公布A、B、C三階段可信度，C的準確率約百分之五十六。

放進陰天的卡片看看吧。

我們可以從天氣圖了解哪些事情？

什麼是天氣圖？

對外公布的各種氣象資料中，最基本的就是天氣圖。一般民眾最常看到的是在某地區地圖上標示著氣壓、風向、風速、天氣等資訊的「地面天氣圖」。

將氣壓數值相同的地點用線連接起來，就是天氣圖上常見的圓形與彎彎曲曲的線條，稱為等壓線。等壓線間距通常為四百帕（hPa、請參閱三十二頁），每二十百帕畫一條粗線。

等壓線集中在小範圍就會吹強風。等壓線圍起來的範圍內，氣壓較高的地方為高氣壓，氣壓較低的地方為低氣壓。

暖空氣和冷空氣交會處為鋒面，大氣處於不穩定狀態。只要具備基礎知識，任何人都能從地面天氣圖的低氣壓和鋒面動向，掌握概略的天氣發展狀況。

天氣圖分好幾種。日本普遍使用的是結合日本氣象並加以簡化的「日本式天氣圖」，世界其他國家則使用世界氣象組織（WMO）訂定的「國際性天氣圖」。雖然國際性天氣圖比日本式天氣圖複雜，但世界各國的氣象組織一定要相互合作，才能因應全球的多樣化氣候。

出處／日本氣象廳官網

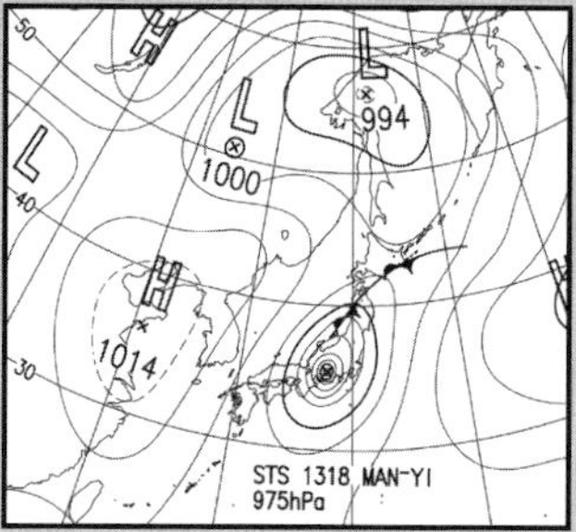
50
40
30
H
L
994
L
1000
H
1014
STS 1318 MAN-YI
975hPa

▲這是颱風直撲關東地區的天氣圖，全日本都壟罩在豪雨中。

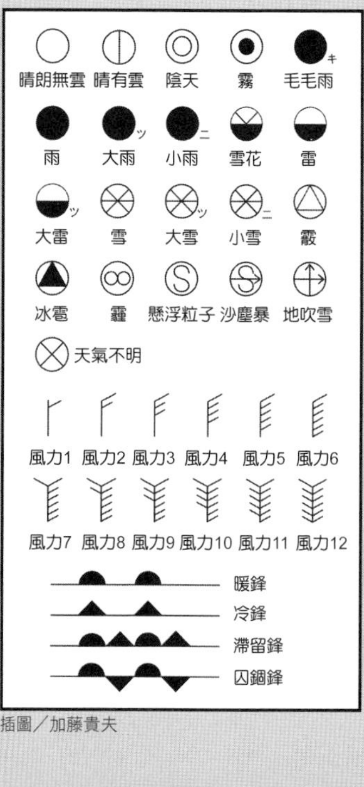
晴朗無雲
晴有雲
陰天
霧
毛毛雨
雨
大雨
小雨
雪花
雷
大雷
雪
大雪
小雪
霰
冰雹
霾
懸浮粒子
沙塵暴
地吹雪
天氣不明
風力1
風力2
風力3
風力4
風力5
風力6
風力7
風力8
風力9
風力10
風力11
風力12
暖鋒
冷鋒
滯留鋒
囚錮鋒

插圖／加藤貴夫

◀天氣圖使用特殊符號，一般人剛開始不容易記住，習慣之後就很方便。左圖為日本式天氣圖使用的符號。

不同季節有不同的天氣圖

天氣圖也能畫出每個季節的氣候特性。受到太平洋高壓強力壓境的影響，日本夏季十分炎熱。事實上，太平洋高壓是創造出沙漠的亞熱帶高壓帶的一部分。依季節前後移動，進入日本列島上空或退回至海面上，多虧如此，日本才不至於變成沙漠。

西北邊有西伯利亞高壓，東邊有溫帶低氣壓，每年冬季都會出現像這樣西高東低的氣壓配置，在日本海沿岸降雪、太平洋沿岸則吹起北風，進入一段乾燥期。

梅雨期間還會有鋒面停留在日本列島上，這股鋒面稱為「梅雨鋒面」，在日本下起連綿不停的雨。

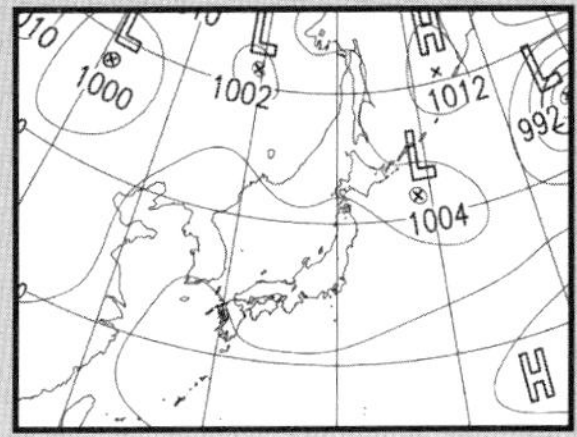

▲太平洋高壓偏西的夏季氣壓配置。

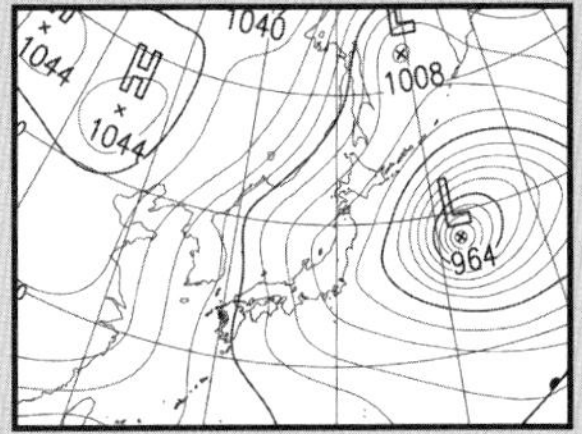

▲西高東低的冬季氣壓配置。

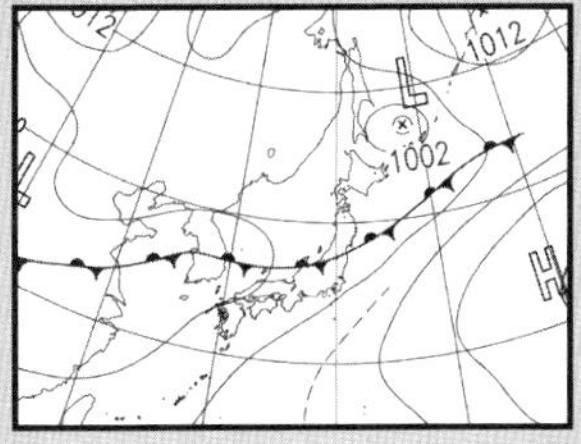

▲梅雨鋒面停滯的梅雨期氣壓配置。

出處／日本氣象廳官網

特別專欄

自己也能畫天氣圖

我鼓勵大家自己畫天氣圖，但絕對不是照著官方公布的天氣圖畫，而是聽廣播節目的氣象報告，記下必要資訊，接著畫在地圖上。NHK 第二放送頻道每天下午四點都會播出二十分鐘的氣象報告，第一次聽可能一頭霧水，但多聽幾次就能理解內容。不妨錄下來試試看。剛開始從南邊的石垣島，依序播報風向、風力、天氣、氣壓與氣溫等氣象資訊。從日本列島往北，再從俄羅斯進入中國大陸，往左繞一圈後，接著往南方播報各地氣象。播完氣象後還有海上船舶提供的資訊，最後則是漁業氣象。氣象報告涵蓋了高氣壓與低氣壓的位置和行進方向、鋒面位置等預測天氣的必要資訊，記下所有資訊後，只要畫上等壓線即大功告成。

▼一本五十張的天氣圖用紙。大家也來挑戰看看吧！

更棒的是，氣象報告會在當天下午六點過後，公布在日本氣象廳官網上。不妨對照自己畫的天氣圖，增加自己動手畫的樂趣。

影像提供／轉載自 CLIMB 氣象圖書出版股份有限公司所發行的「廣播用天氣圖專用紙 No.1」

天氣預報是如何製作而成的？

跟你說是晴天就是晴天！
一定是雨天啦！

天氣預報的製作過程

現在的天氣預報必須借助超級電腦預測相關資料，不過，想要預測未來氣象，就必須詳細掌握目前地球的氣象數據。

日本全國約有一千三百處氣象臺與自動氣象數據採集系統，觀測氣壓、氣溫、溼度、風向、風速、降水量、積雪深度、降雪深度、日照時間、日射量、雲量、能見度（下雨或起霧時可清楚視物的距離）等大氣現象。不僅如此，還利用捕捉雨雲動向的氣象雷達網、掌握高空風向的「風速廓線繪圖儀」、氣象衛星觀測收集更多氣象資訊。此外，各國通力合作取得的全球觀測資訊，也透過通訊網進入日本氣象廳的氣象情報傳送處理系統（ADESS）。以內建超級電腦的數值解析預報系統（NAPS）分析觀測數據，進行預測，製作成天氣預報必備的天氣圖等氣象資料。接著將預測資料再次透過ADESS送往全國氣象臺，由氣象廳的氣象預報官比照過去資料，修正預測資料無法涵蓋的地形影響等變數。經過這一連串過程即可完成最終天氣預報，正式對外發表。

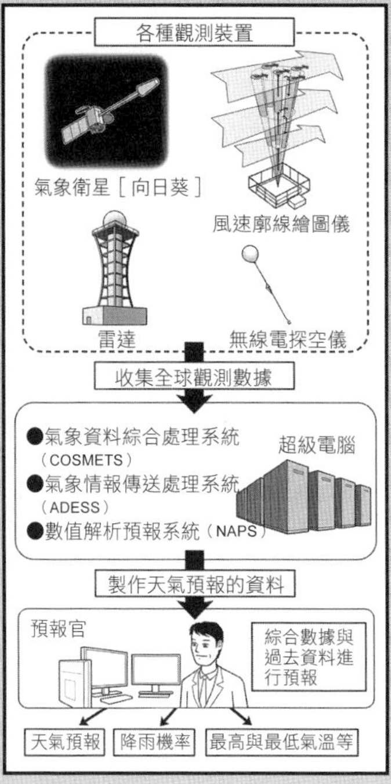

各種觀測裝置
氣象衛星［向日葵］
風速廓線繪圖儀
雷達
無線電探空儀
收集全球觀測數據
●氣象資料綜合處理系統（COSMETS）
●氣象情報傳送處理系統（ADESS）
●數值解析預報系統（NAPS）
超級電腦
製作天氣預報的資料
預報官
綜合數據與過去資料進行預報
天氣預報
降雨機率
最高與最低氣溫等

插圖／加藤貴夫

插圖／佐藤諭

插圖／佐藤諭

◀許多人都希望能成為在天氣預報中解說氣象的氣象預報士。

氣象預報士是什麼樣的人？

相信大家一定都看過氣象預報員在電視上播報氣象的模樣，以專業語氣解說天氣，解析各種氣候現象。對一般民眾而言，他們是最具有親和力的氣象專家。

過去受到法律限制，在日本只有氣象廳才能進行天氣預報。直到一九九三年修法之後，民間氣象公司也能發表天氣預報。不過，若任何人都能發表天氣預報，一定會損及天氣預報的公信力。為此，除了氣象廳之外，在日本，任何人只要取得「氣象預報士」資格即可從事天氣預報的工作。

日本政府每年舉辦兩次氣象預報士國家考試，考取者必須向氣象廳長官登錄，才能成為氣象預報士。由於每次報考的人數眾多，錄取率遠低於一成。即使如此，到目前為止，日本仍有超過九千名合格登錄的氣象預報士。（註：台灣也有氣象預報證照制度。）

成為氣象預報士之後，並非人人都從事與天氣預報有關的工作。有些人是因為對氣象感興趣，有的人是想知道比賽當天的天氣狀況，或是到山裡踏青、海邊玩耍時，希望能掌握精準的天氣資訊等，基於各種理由前去報考。

報考氣象預報士不需要任何特殊資格，也沒有年齡限制。換句話說，小學生、國中生都能參加考試。有些氣象預報士在十二歲就已經考取資格。

特別專欄

了解意義自然明白天氣預報專有名詞

「晴時多雲偶陣雨」這句話似乎是天氣預報時絕對不會出錯的用語。事實上，天氣預報使用的專有名詞必須精準，絕對不能模稜兩可。

「晴時多雲」代表斷斷續續出現有雲的陰天，持續時間未達預報有效時間的一半。「偶陣雨」則是指在預報對象區域中，未達一半面積的地方下雨。換句話說，若多雲氣候持續時間超過一半，或大範圍下雨，即代表預報失準。

你聽過「觀天望氣」這個天氣諺語嗎？

絕對不能小看天氣諺語

大家應該都聽過「前一天有夕陽，第二天會放晴」這句諺語，許多跟天氣有關的諺語都是老祖宗根據經驗流傳下來，靠著這些諺語的智慧耕種農作物，搭船出海時趨吉避凶，幫助許多人維持生計。若從科學方法驗證這些諺語，許多原因與結果都能獲得證實。這就是所謂的「觀天望氣」。

觀天望氣可使用在地球的任何地方

「前一天有夕陽，第二天會放晴」也是一種觀天望氣，流傳於全世界的許多地方。由於地球許多地區的氣象變化是由西向東發展，因此只要太陽下沉的西邊沒有雲，第二天就會放晴。

還有另一句天氣諺語「出現日暈或月暈就會下雨」。出現在太陽與月亮周圍的光圈就是「暈」。當高空形成薄薄的卷層雲，雲裡的冰晶折射光線就會形成暈。雖然卷層雲本身不會降雨，但通常會在低氣壓或鋒面附近成形，因此只要看到日暈或月暈，即代表天氣即將變差。

從生物生態中觀天望氣

在日本，可從觀察生物生態的觀天望氣中掌握天氣動向。例如「燕子低飛就要下雨」。通常燕子都是在飛行時覓食，捕捉會飛的昆蟲。低氣壓接近時，空氣中的溼度會變高，引出許多會飛的昆蟲在低空飛行。這些昆蟲都是小鳥的食物，燕子為了覓食，便降低飛行高度。從「燕子低飛」這個現象可以得知低氣壓逐漸接近，天氣即將變差。

比較近代的觀天望氣包括「飛機雲立刻消失，就會放晴」以及「飛機雲拖得很長，就會下雨」。飛機雲是人類

插圖／加藤貴夫

▲當燕子低空飛行……。

▲當月亮出現月暈……。

創造出來的，人類可從飛機雲留在天空的時間長短，利用雙眼來判斷高空溼度。當高空溼度較高，飛機雲就會拖得長長的，天氣也就容易變差。

我們也常聽到「丟木屐和鞋子，若鞋面向上就會放晴」這類諺語，事實上這個現象並沒有任何事實根據。

特別專欄

日本二十四節氣與七十二候

二十四節氣是將太陽通過的「黃道」分成24等份，顯示每個時期的氣候特性。大家應該都聽過大寒或大暑吧？將二十四節氣分成3等份，約5天為一個區段即為七十二候。提醒人類每個時期的氣候變動與動植物生長變化。例如3月底「櫻始開」（櫻花開花）、8月底「天地始肅」（炎熱氣候逐漸趨緩）、10月「鴻雁來」（屬於候鳥的雁再次飛回來），十分契合季節變化。

配合地形與季節的觀天望氣

俗話說：「山頂有飛碟雲就會下雨。」飛碟雲指的是覆蓋在山頂上的雲，屬於莢狀雲的一種。潮溼的風碰到山就會形成上升氣流，吹至山頂。越過山頂的風變成下沉氣流，無法形成雲，因此只在山頂留下凸透鏡般的雲。由於吹過來的風中含有大量水蒸氣，很容易引起天氣變化。

日本的太平洋沿岸一帶流傳著「春天看海、秋天看山」的觀天望氣諺語。由於春天的低氣壓大多會經過太平洋上方，只要觀察海上的天空狀態，就能預測春天的天氣狀況。秋天的低氣壓通常會經過日本海，因此多加注意北方高山的雲，即可掌握秋天的氣候變化。還有另一句俗諺是「春天看南、秋天看北」，同樣也是從春秋兩季低氣壓的行進路線不同而來。

▼當山頂有飛碟雲……。

插圖／加藤貴夫

天氣決定表

那天是晴天，還是多雲呢……
快點想起來啦!!
你發什麼脾氣啊!?
還不都怪你自己！
誰還記得一星期前的事情啊！
日記裡的天氣欄，本來就應該每天寫才對呀！
拜託~你認識我多久了啊，你真的認為我做得到每天寫嗎？
暑假都過了一半。
那你接下來要怎麼做呢？
這個嘛…總覺得很難做到耶……

Q

台灣有氣象節，這是真的嗎？

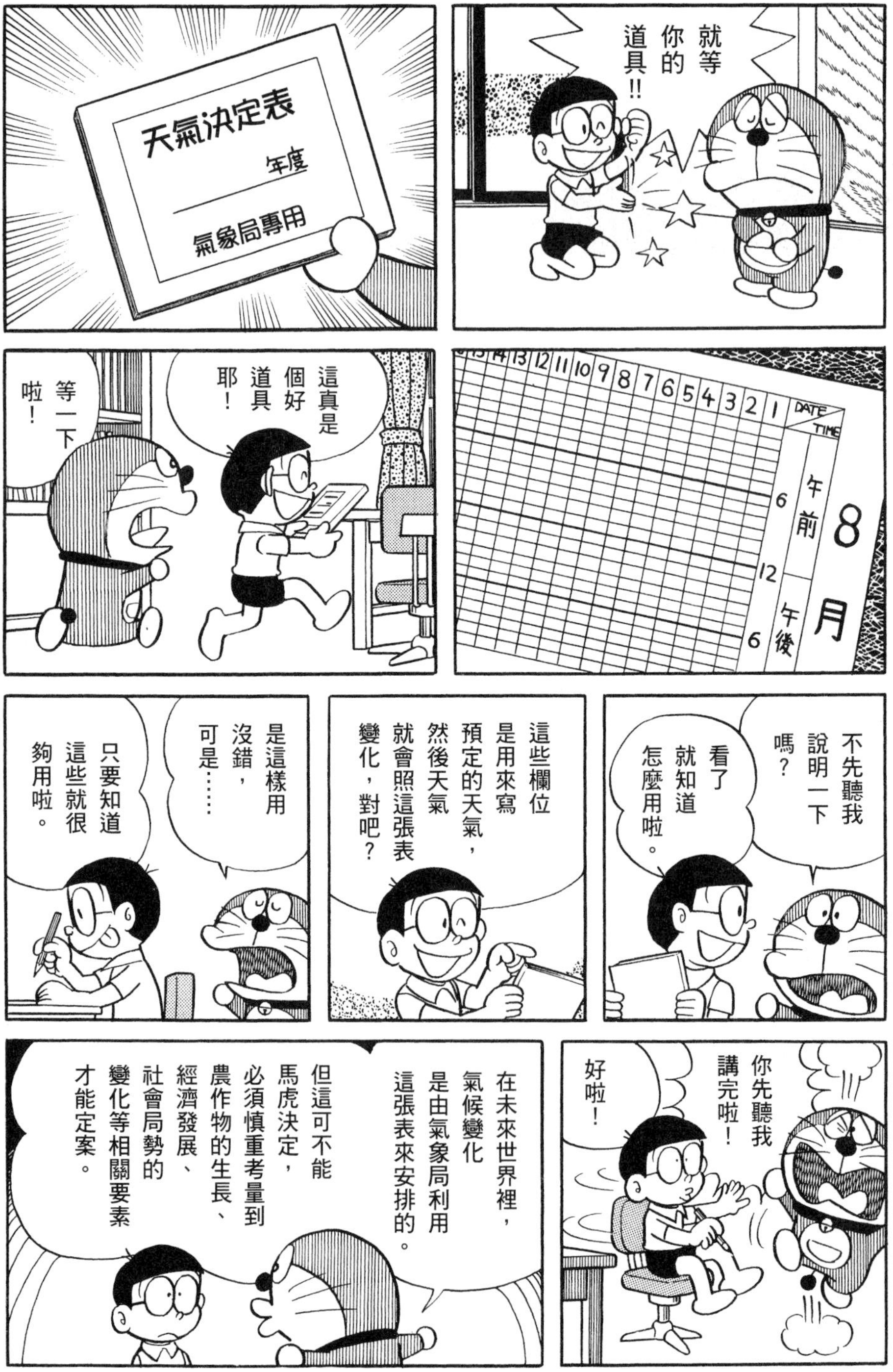
就等你的道具!!
天氣決定表
年度
氣象局專用
DATE
TIME
8月
午前
午後
這真是個好道具耶！
等一下啦！
不先聽我說明一下嗎？
看了就知道怎麼用啦。
這些欄位是用來寫預定的天氣，然後天氣就會照這張表變化，對吧？
是這樣用沒錯，可是……
只要知道這些就很夠用啦。
你先聽我講完啦！
好啦！
在未來世界裡，氣候變化是由氣象局利用這張表來安排的。
但這可不能馬虎決定，必須慎重考量到農作物的生長、經濟發展、社會局勢的變化等相關要素才能定案。

A 真的。台灣的氣象節訂在每年的三月二十日，氣象學會會在每年的這一天舉辦年會。

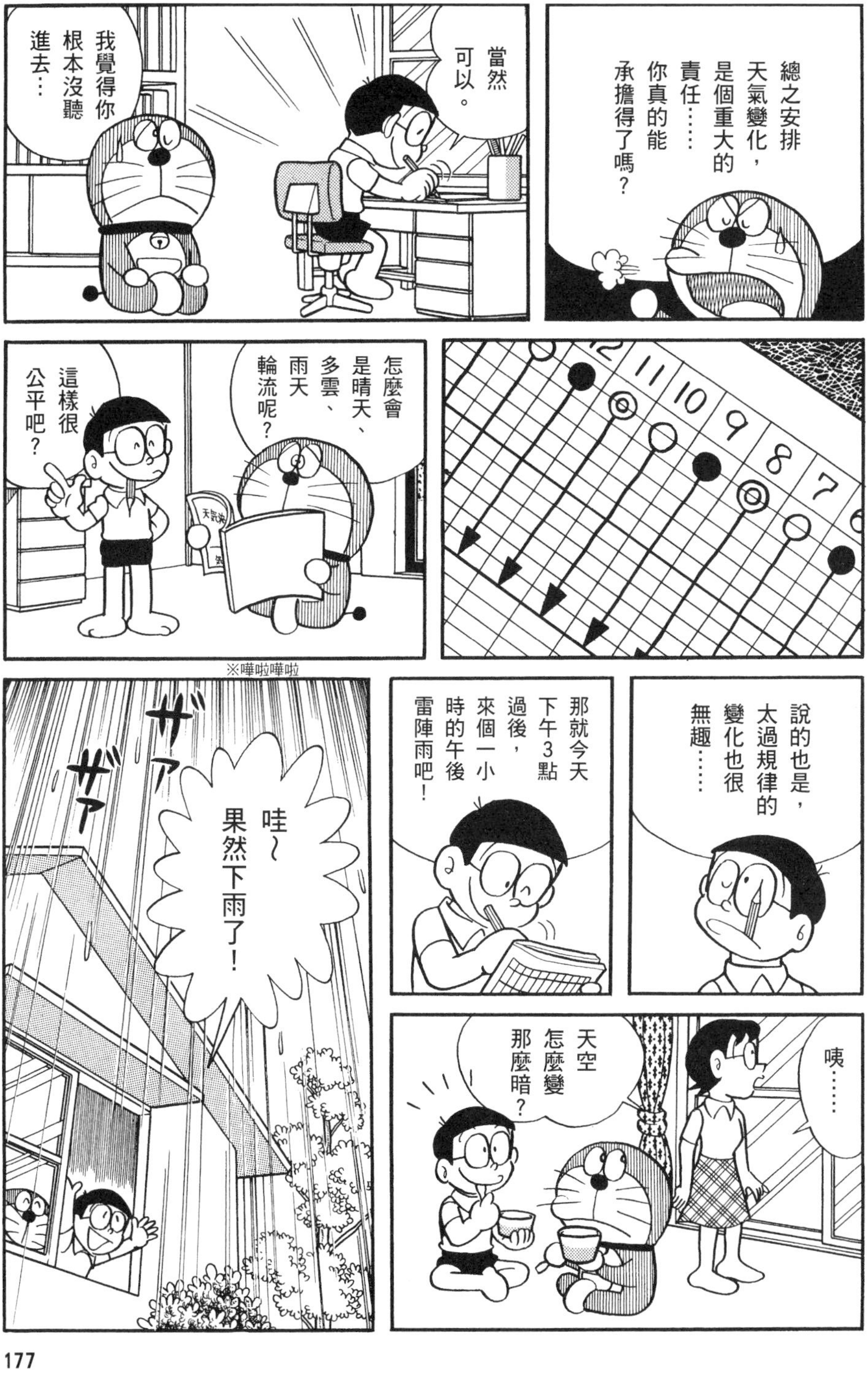
總之安排天氣變化，是個重大的責任……你真的能承擔得了嗎？
當然可以。
我覺得你根本沒聽進去……
12 11 10 9 8 7
怎麼會是晴天、多雲、雨天輪流呢？
這樣很公平吧？
說的也是，太過規律的變化也很無趣……
那就今天下午3點過後，來個一小時的午後雷陣雨吧！
※嘩啦嘩啦
ザァ
ザァ
哇~果然下雨了！
咦……
天空怎麼變那麼暗？

八月十五日（晴天）
今天下午天氣會有所變化，
從明天起連續三天都會下雨。
太過規律的變化，看起來怪怪的，
所以我決定連下三天雨。
原來如此。
別忘了把晒在外頭的衣服收進來，要出門記得帶傘喔。
我出去散個步。
因為接下來會下三天雨。
妳怎麼在發呆呢？打起精神來嘛～
我心情不太好。
本來今天要去參加三天兩夜的夏令營，
我在春天時就已經報名了，期待很久……
可是氣象報告說，下午開始會下三天雨……
這不能怪我吧……

我幫妳想個辦法吧！
你要幫我想什麼辦法呢？
嗯……
對了，我可以用手帕…
做晴天娃娃給妳。
這可不是普通的晴天娃娃！
保證一定是百分之百的大晴天！
你這笨蛋！
聽你在吹牛。
哈哈哈哈！
呵呵呵～
給我等著瞧！
我要修改表格。
連續三個大晴天！
三天後
多虧你給我這個晴天娃娃，這三天都是大晴天耶！
謝謝你，大雄。
真是太好了。

八月十九日（晴天）
我現在可以游一公里了喔！
我可以游得很快喔！
大家今年夏天的游技都進步了很多呢。
這樣吧！今天下午到游泳池去舉行游泳比賽！
好啊！贊成！
大雄也去嘛~
不來，我可不饒你喔！
可是今天午後會下大雨……
胡說，氣象報告說會是大晴天！
本來是這樣沒錯，可是晚一點一定會下雨!!
因為我有這個祈雨娃娃！
隨便你們笑吧。
ドザァ
活該！

※傾盆大雨

八月二十日（晴天）
你幹嘛那麼早就來找我？
拜託你～
給我祈雨娃娃吧！
我得去拔庭院中的雜草，
可是我還有其他的事情要做。
你不是不相信我嗎？
我真的相信你啊!!
因為你的天氣預報準確率是百分之百啊！
謝啦！
得去更改表格了。
再過不久會下雨……
這樣就好了。
哎呀？
天上的雲好像突然變多了。
我看你還是別去好了。
等一下一定會下雨的。

我已經期待好久了。
也才剛加入高爾夫俱樂部……
抱歉了，小夫。
我得再把天氣改成晴天才行。
好像又放晴了。
太好了！
拜託你，我希望能下雨。
嗯…又發生什麼事了嗎？
因為最近都是晴天……
我家院子的花草都快枯死了，好可憐喔……
喂！要晴天才行，我們要打棒球啊！
拜託你，下點雨吧！店裡的雨傘都賣不掉了。
大家乾脆猜拳決定！

※咚咚

太不負責任了！
你就不能做出判斷嗎？
要晴天！
下雨啦！
ドドン
ドン
終於希望讓天氣順其自然了吧？
我看還是每天在日記上記載天氣變化，還比較輕鬆。

從陸海空到外太空，氣象觀測方法十分多樣

一般人也可以從地面觀測氣象？

氣象觀測的歷史最早可追溯到距今兩千五百多年前，人類在希臘觀測風向。

十七世紀發明氣壓計，開啟了延續至現代的氣象觀測。氣壓計的發明可說是改變全球的歷史事件，人類只要掌握氣壓變化就能利用簡單的科學理論預測放晴或下雨，我們常會用「晴雨表」形容某件事物的評量基準，事實上晴雨表原本指的是氣壓計（barometer）。如今日本氣象臺二十四小時不停觀測氣壓、氣溫、溼度、風向、風速、降水量、積雪深度、降雪深度、日照時間、日射量、雲、能見度（請參閱第一百七十頁）、大氣現象等，雖然絕大多數採用自動觀測，但還是有些項目需要利用人眼觀察。

地面是最能輕鬆準備觀測裝置的場所，因此也很容易引進最新設備。日本氣象廳設置了二十處氣象雷達網，與三十三處可測量高空風速的基地，透過各種不同的觀測方法，毫無遺漏的掌握全日本氣候動向。

利用船隻與浮標從海上觀測氣象

日本氣象廳配置了兩艘海洋氣象觀測船，不只測量氣溫、風速、風向、降水量，還要觀測波浪、水溫、鹽分、溶存氧氣量、潮流等海象變化。

不可諱言的，光靠兩艘船無法完整觀測廣闊海面。此時就要借助漂流型海洋氣象浮標機器人（海洋氣象浮標）的力量，進行自動觀測。海洋氣象浮標是一個直徑五十公分、重

◀在海面上航行，劃出一道長長軌跡的氣象廳氣象觀測船「啟風丸」。

出處／日本氣象廳官網

量三十公斤的球狀膠囊，每三個小時觀測一次氣壓、水溫、波浪高度、波浪週期與位置資訊。當颱風接近、波浪較高時，氣象廳就會從陸上發出指令，改為每小時觀測一次，即可得到更詳盡的觀測結果。

利用氣球與航空機從空中觀測氣象

說到底，氣候現象都是在天空發生的。因此，將觀測裝置送上天空進行觀測，是掌握最新氣象狀況不可或缺的方法。要能在這個高度做觀測，主要是借助以氣球升高至三十公里高空的無線電探空儀進行觀測。最新的GPS探空儀搭載觀測感應器與GPS功能，可透過無線通訊裝置，將觀測到的氣溫、溼度、氣壓、風向、風速、高度等資料傳送至地面。全球約七百個地方同時利用無線電探空儀進行觀測，日本是在

出處／日本氣象廳官網

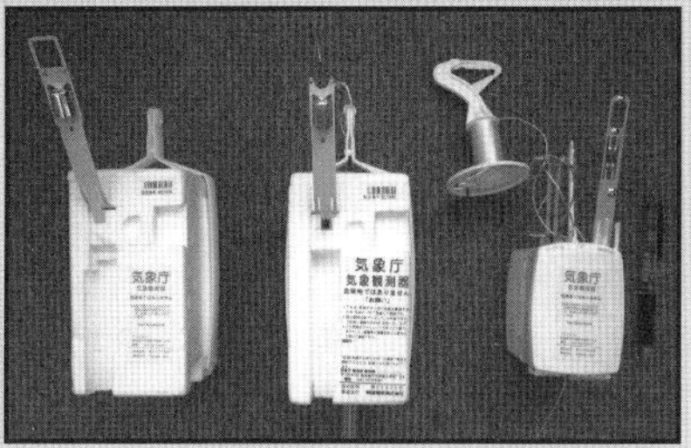

▲ 無線電探空儀的本體。使用發泡苯乙烯容器，避免高空環境破壞裝置。

日本時間早上九點與晚上九點，於全國十六處同時觀測。

除了氣球之外，也利用航空機進行觀測。國外還有些特殊團隊利用航空機進入颶風，從內部觀測。

善用衛星從外太空觀測氣象

向日葵號是日本最具代表性的氣象衛星，每天播出的天氣預報，能看見位於日本周邊的氣象衛星傳送回來的衛星影像。

向日葵號不分晝夜的進行觀測，更使用紅外線觀測，捕捉水蒸氣變化。除了向日葵號之外，還有許多日本衛星每天從外太空觀測地球。

特別專欄

水循環觀測衛星 SHIZUKU 也運用在天氣預報上

第一期水循環變動觀測衛星「SHIZUKU」搭載高性能微波天線，觀測地球上以各形式存在的水，約90分鐘繞行地球一圈。利用其觀測數據，有助於提升雨量預測的精準度。

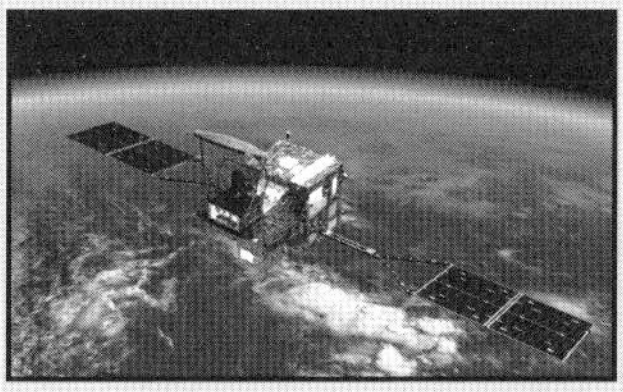

影像提供／JAXA

氣象觀測需要投入最新技術？

什麼是地區氣象觀測系統？

大家可能沒聽過「地區氣象觀測系統」，但日本民眾都一定聽過自動氣象數據採集系統（AMeDAS）。這是日本氣象廳的無人觀測網，也是天氣預報不可或缺的幕後功臣。日本在全國設置了約一千三百處自動氣象數據採集系統，平均下來，每二十公里見方的區域就有一處自動氣象數據採集系統。

整個系統包括三百六十處專門測量雨量的雨量觀測所、八十七處綜合觀測降水量、氣溫與風向的三要素觀測所，還有六百八十六處可觀測三要素與日照時間的四要素觀測所，加上一百五十六處氣象臺和特別地區氣象觀測所，總計大約一千三百處。除此之外，多雪地區還有三百二十二處可觀測積雪深度的觀測站。

自動氣象數據採集系統從一九七四年十一月一日開始運轉，雖然啟用時間很長，但在細節處不斷改良，目前使用的觀測裝置已經是第四代。除了改良統計用電腦系統，每十秒觀測一次現在氣溫，並將觀測數據持續運送至氣象廳的統計系統。不單獨運用每個觀測數據，而是與雷達觀測到的雨雲結合，做出更精準的雨量分析。

話說回來，AMeDAS的讀音讓人聯想到日文的「下雨了」、「下起雨來」，事實上這是取自於Automated Meteorological Data Acquisition System的縮寫，由於AMDAS不容易發音，當時的相關人員於是想到將第二個字取用首寫兩個字母M和e，變成「AMeDAS（下雨了）」念起來比較有意思，最後就這麼拍板定案。

▼自動氣象數據採集系統。這類作為觀測之用的場所稱為露場。

出處／日本氣象廳

雷達、雷射、光達各有何不同？

想從地面觀測雨雲狀態，氣象雷達是不可或缺的儀器。日本氣象廳在全國設置了二十臺氣象雷達，架設觀測網。所有雷達都是都卜勒雷達，不只能觀測雨雲位置，連動向都一清二楚。

雷達是一種利用天線接受訊息並進行觀測的技術，當雷達發出的電波接觸到目標對象，天線就會接收反射回來的電波。幾乎所有雷達運作時都會三百六十度轉動天線，觀測四周狀況，因此在等待旋轉的期間，無法觀測其他方向。為了解決這個問題，氣象廳特地設置了可三百六十度觀測的相位陣列雷達，每十秒觀測一次周邊的雨雲動向。

近年來發展出可在限定範圍內更快速精準完成觀測的氣象雷達觀測技術，得以與大範圍測量的氣象衛星互相連動。

◀發射雷達光線進行觀測的氣象光達。

出處／日本氣象廳

都卜勒光達（Doppler Lidar）是用來觀測氣象的相關裝置，雖然英文讀音聽起來很像摩托車高手，卻是十分好用的觀測儀器。相較於利用電波觀測目標對象的雷達，光達是利用雷射光進行掃描，從光線呈現出來的不同長度，分析與目標對象的距離，以及目標對象的動向。

雖然光達的觀測距離比觀測雨雲的雷達短，卻能精準掌握分析大氣中懸浮物質（浮質）的動向，即使天空無雲，亦可掌握空氣流動方向。此功能對於監控機場突然發生的下沉氣流（下擊暴流）相當有幫助。最近也用來觀測黃沙與大氣汙染物 PM 2.5。

特別專欄

GPS 氣象學

我們每天都會接觸 GPS，例如汽車導航、智慧型手機的導航功能等，事實上，GPS 是利用人造衛星的導航系統。GPS 需要從外太空傳送訊號到地面，因此地球大氣與空氣中的水蒸氣都會造成 GPS 誤差。

由於氣象廳知道人造衛星的正確位置，便反過來利用這個特性，從地面基地局進行精準的 GPS 定位。從資訊誤差預測高空氣象，協助製作準確的天氣預報，這就是 GPS 氣象學。

雖然才剛開始，但已經有許多人投入研究發展，相信不久的將來就能實際運用。

天氣預報需要用到超級電腦？

迅速計算觀測數據是現行天氣預報不可或缺的助力。先在電腦內建立一個虛擬地球，使其與最新數據同步，計算出未來的天氣狀況。由於最初很難做到數小時後的預測，因此先從一秒後開始，逐漸增加預測時間，重複計算，預估未來的氣象變化。

日本氣象廳首次在一九五九年導入超級電腦，是日本政府機關最早使用超級電腦的機構。目前使用的是第九代超級電腦，從二〇一二年啟用。每秒可計算八百四十七兆次，計算速度約為第八代的三十倍，與第一代相較，性能超過一千億倍。超級電腦設置在超耐震建築物裡，備有七十二小時緊急電源，受災時也能持續運作。

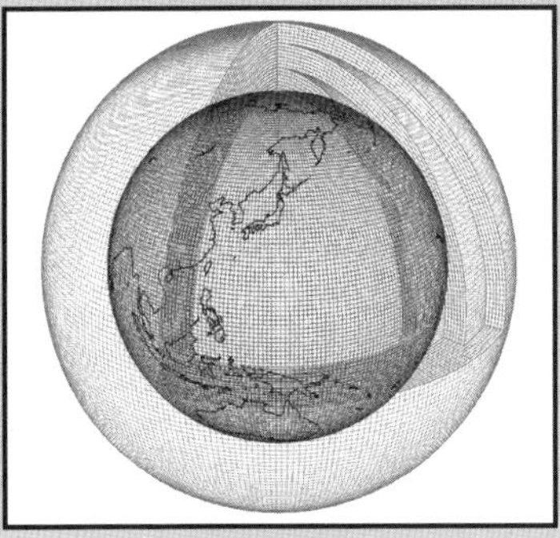

◀數值預報模型充分考量地球發生的各種現象。

出處／日本氣象廳官網

特別專欄

氣象火箭觀測的時代

過去有一段時間，日本政府每週都會發射觀測火箭至高空。

日本於 1960 年代展開國際性地球觀測，在這段期間開發出 MT-135P 觀測火箭。全長 3.3m、直徑 13.5cm、總重量 70kg，屬於單段式固態燃料火箭，在前端安裝火箭探空儀，搭載可在高空觀測的特殊感應器。MT-135P 觀測火箭升空後，時間控制系統會在 95 秒後使探空儀脫離火箭本體，火箭本體在此時打開降落傘，順利回收。火箭本體在分離 17 秒後也會打開降落傘，從 60km 左右的高度往下降，在下降過程中觀測氣溫、風向與風速等氣象資訊，整個過程約需 90 分鐘。

影像提供／JAXA

日本政府從 1970 年開始，每週三早上 11 點都會發射氣象觀測火箭，隨著人造衛星加入觀測行列、無線電探空儀功能提升，2001 年 3 月停止使用。總計每週發射出去的火箭數量竟高達 1119 枚，創下日本實用火箭使用最多的紀錄！

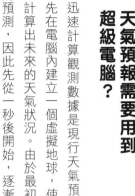

任意變月曆
GI

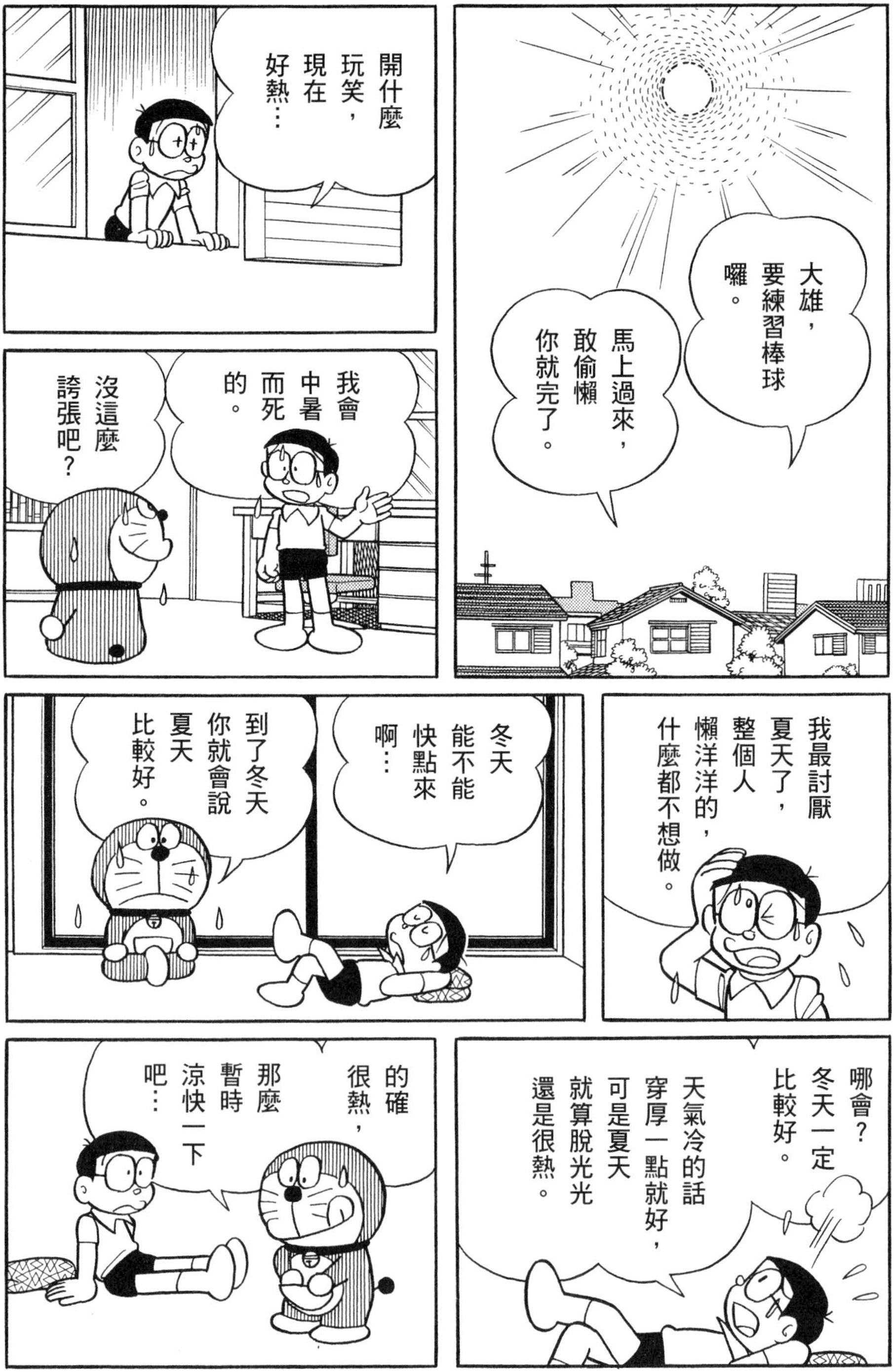
大雄，要練習棒球囉。
馬上過來，敢偷懶你就完了。
開什麼玩笑，現在好熱⋯⋯
我會中暑而死的。
沒這麼誇張吧？
我最討厭夏天了，整個人懶洋洋的，什麼都不想做。
冬天能不能快點來啊⋯⋯
到了冬天你就會說夏天比較好。
哪會？冬天一定比較好。
天氣冷的話穿厚一點就好，可是夏天就算脫光光還是很熱。
的確很熱，那麼暫時涼快一下吧⋯⋯

Q 地球暖化主因是大氣中二氧化碳增加，當二氧化碳增加海中貝類動物的殼會變薄。這是真的嗎？

A 真的。由於溶入海水的二氧化碳也會增加，導致海水酸化，難以形成碳酸鈣。而碳酸鈣卻是形成貝殼的主要成分。

※叮　※喀嚓

百變天氣放映機Q&A

Q 若持續排放溫室效應氣體，21世紀末海平面會上升？①10~15公分 ②45~82公分 ③約2公尺

A ②45～82公分。根據預測在地球暖化效果最強的狀態下，21世紀末的全球海平面會比20世紀末高45～82公分。

百變天氣放映機Q&A

Q 地球暖化導致地表的雪與冰融化，會進一步加快暖化的速度。這是真的嗎？

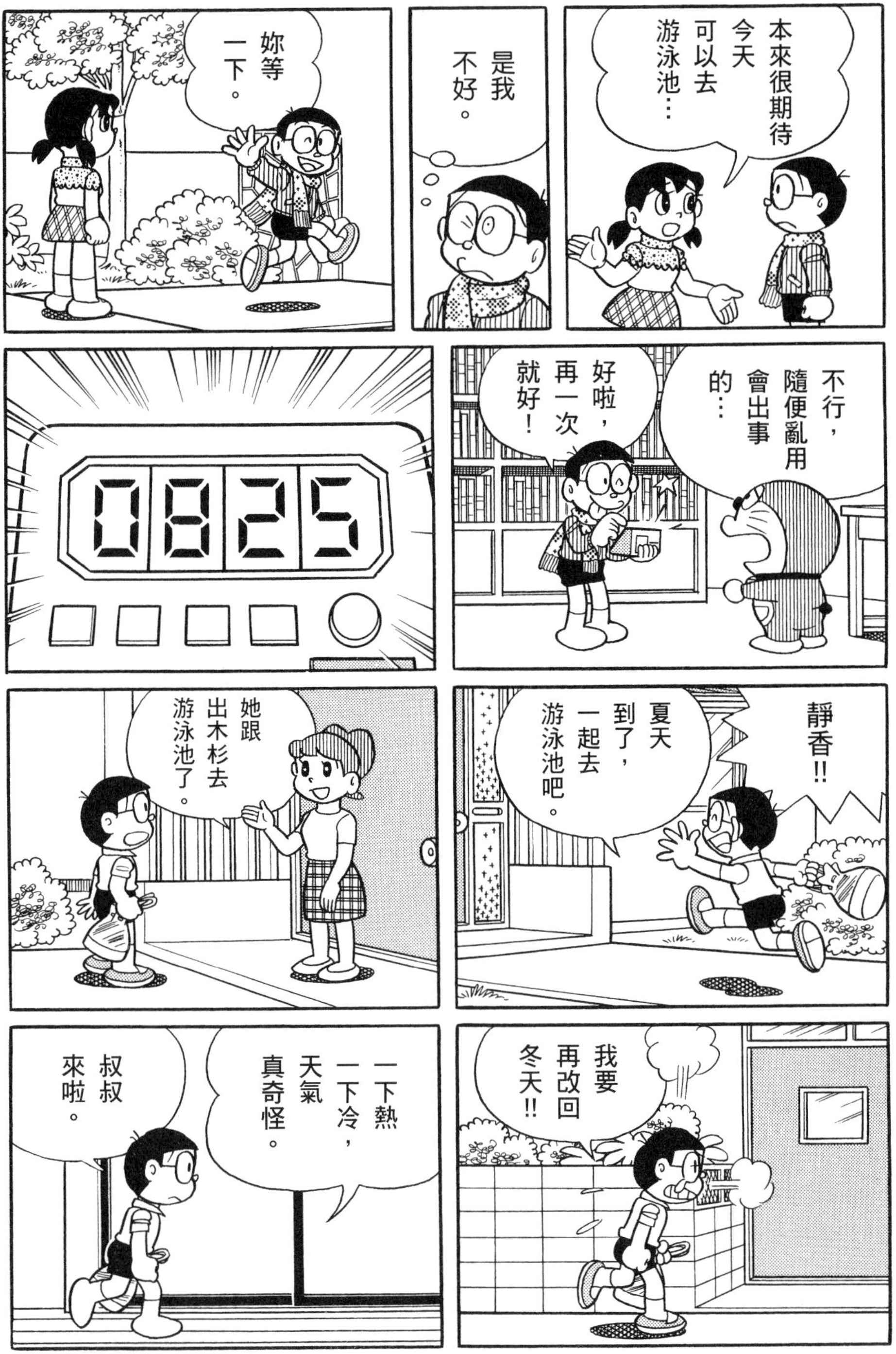

好吧，既然要改成冬天…
※叮
0101
哈啾!!
新年快樂。
新年快樂，給你紅包。
趁這個機會，到親戚家拜訪，多拿些紅包…
我記得有「備用四次元口袋」…
「任意門」。
阿姨，新年快樂。
新年快樂，紅包給你。

A 真的。雪與冰像鏡子一樣會反射陽光，一旦雪與冰減少，地表吸收的光（能量）變多，溫度就會上升。

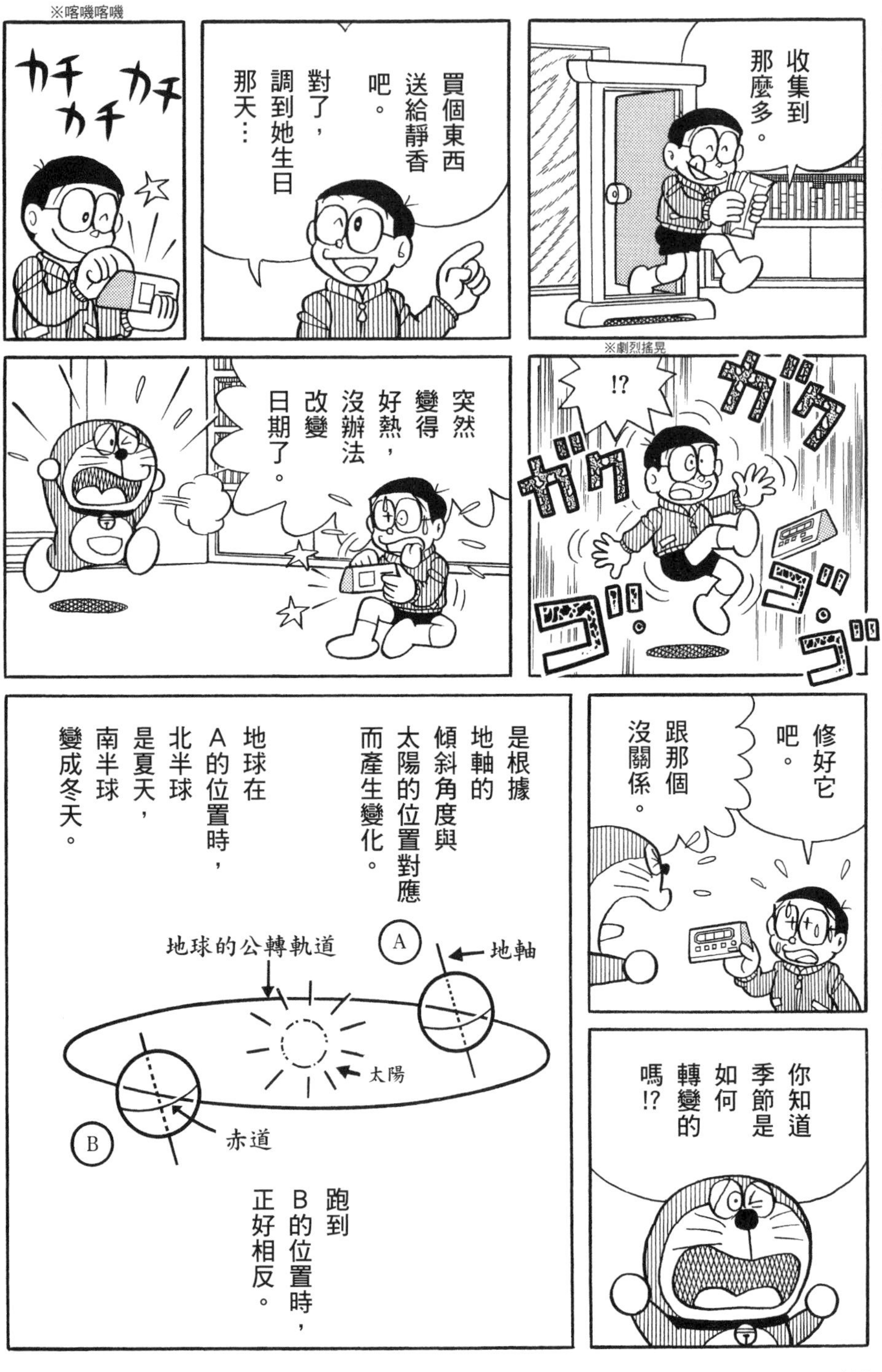
收集到那麼多。
買個東西送給靜香吧。
對了，調到她生日那天…
※喀嘰喀嘰
カチカチカチ
※劇烈搖晃
!?
ガクガク
ゴゴゴゴ
突然變得好熱，沒辦法改變日期了。
修好它吧。
跟那個沒關係。
你知道季節是如何轉變的嗎!?
是根據地軸的傾斜角度與太陽的位置對應而產生變化。
地球在A的位置時，北半球是夏天，南半球變成冬天。
地球的公轉軌道
A
地軸
太陽
B
赤道
跑到B的位置時，正好相反。

百變天氣放映機Q&A

Q 地球暖化加劇時，可能蔓延至日本的疾病是……？ ①狂犬病 ②瘧疾 ③伊波拉出血熱

A

②瘧疾。棲息於熱帶與亞熱帶的瘧蚊是散播瘧疾病原體的媒介，日本氣溫上升可能導致瘧蚊進入日本棲息。

任意改變地軸，就好像搖動旋轉中的陀螺軸心一樣！
陀螺會停止轉動，地球的自轉、公轉也會停止，你知道會怎樣嗎？
不知道……
地球會被太陽牽引，被吸進太陽裡!!
那、那麼天氣會這麼熱難道是……
你看外面!!
太陽不斷在接近地球!!
我闖下大禍了！怎麼辦!?
根本沒辦法解決。
快點看電視新聞……

就要世界末日了!!
用「宇宙救生艇」逃難!!
騙人…我不相信…
你再哭哭啼啼，就要丟下你不管囉!!
大家動作快!!
對了！我不能扔下靜香不管!!
※隆～
大雄！你要去哪裡!?沒時間了!!
我要找靜香…
ドーッ
啊!!

Q 根據預測，地球暖化加劇會使日本降水量減少。這是真的嗎？

A
假的。若溫室效應氣體持續增加，最嚴重將導致21世紀末降水量增加百分之九到十六，豪雨和洪水引起的災害也會越來越多。

地球真的越來越溫暖嗎？

開什麼玩笑，現在好熱……

地球不斷重複暖化與寒化過程

從誕生那一刻到今天，地球環境產生各種變化，氣候也經常改變。過去曾經出現冰河時代，當時的地表遍布冰塊。恐龍生存的中生代白堊紀（一億四千六百萬年前到六千五百五十萬年前），平均氣溫比現在高攝氏十度以上，南極與北極也長滿茂密植物。

自從恐龍滅絕，地球逐漸寒冷化，大約從兩百萬年前開始，不斷重複氣溫極度下降的冰期與氣溫上升的間冰期。現在是兩萬年前最終冰期結束後進入的間冰期，在這段期間內氣溫會緩慢上升。而且六千年前是間冰適宜期，雖然平均氣溫比現在高兩到三度，但包括撒哈拉沙漠在內的北非、西亞等地溫暖多雨，到處是一望無際的森林和草原，這樣的環境醞釀出後來的埃及文明和美索不達米亞文明。日本也在這個時期發展出繩文文化。

近年來「地球暖化」的問題成為眾所矚目的焦點，事實上，地球不斷重複著暖化與寒化的過程，平均溫度變化個幾度可說是稀鬆平常的事情。不過，整個地球的氣溫變化會影響降水量的分布，大幅改變地表環境與氣候，也會改變動植物的生長棲息地區。當氣候改變，極度仰賴大自然的農業就必須改變作物的種類，乾旱與寒害等異常氣候也會導致作物歉收。不僅如此，還會出現水資源不足或洪水肆虐侵襲的地區，影響人類的生活。如何因應暖化與寒化現象，是人類生活、經濟活動和政治發展的重要課題。

▼溫室效應導致地表附近氣溫上升。

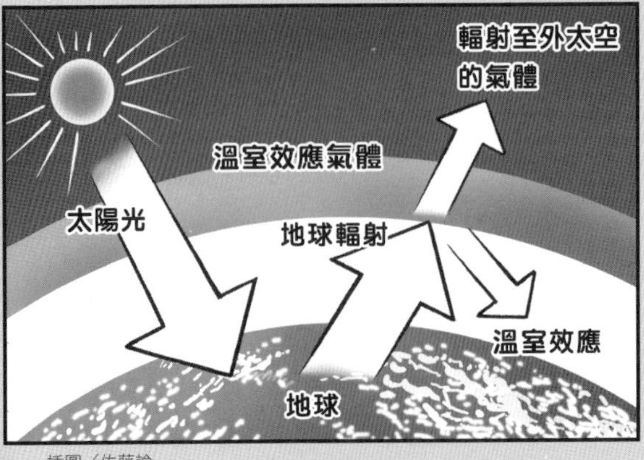
輻射至外太空的氣體
溫室效應氣體
太陽光
地球輻射
溫室效應
地球

插圖／佐藤諭

地球暖化起因於人類活動？

一般認為地球暖化的最大原因是大氣中的溫室效應氣體。參照第四十五頁即可得知，溫室效應來自於大氣發揮溫室作用，使地表溫度升高。事實上，二氧化碳、甲烷、水蒸氣等僅占大氣百分之一的氣體，吸收了地球釋放出的紅外線，因此這些氣體又稱為溫室效應氣體。其中與地球暖化息息相關的是二氧化碳。

過去白堊紀也曾發生過暖化現象，當時火山活動變得很頻繁，火山爆發增加大氣中的二氧化碳濃度，這就是暖化的主因。

十八世紀中葉工業革命以後，人類大量使用煤炭和石油等化石燃料，排放大量二氧化碳，於此同時還大量砍伐可吸收二氧化碳的森林。這些行為導致大氣中的二氧化碳濃度持續增加，二〇一二年世界平均濃度達到393.1ppmV（「ppmV」是體積比，代表一百萬分之一），與工業革命以前的平均值（約280ppmV）相較，增加了大約四成。

邀集全世界研究學者和專家，利用科學方式評估地球暖化與其影響的國際性組織「政府間氣候變化專門委員會（IPCC）」發表了一篇報告，內容顯示過去一百年「全球平均氣溫上升了攝氏零點八五度」，地球暖化「確實存在且無庸置疑」。此外，報告也指出地球暖化的原因是「二十世紀中期以後觀測到的全球平均氣溫上升現象，幾乎皆起因於人類活動，造成的溫室效應氣體增加。」

▲二氧化碳大量囤積在海裡和地底，使用化石燃料會促使二氧化碳進入大氣中。

插圖／佐藤諭

暖化對地球與人類的未來會造成什麼影響？

地球氣候在未來將如何變化？

根據IPCC（請參閱第二〇一頁）在二〇一三年彙整的最新報告書，全球研究機構利用超級電腦預測未來地球暖化現象，預估二十一世紀末地球的年平均氣溫。結果發現，若今後溫室效應氣體排放量大幅縮減，氣溫將比二十世紀末高零點三到一點七度，若持續排放大量溫室效應氣體，則會高二點六到四點八度左右。

氣溫上升程度因地區而異，根據預測，陸地暖化速度比海面快，北半球比南半球快，北極等高緯度地區暖化的情況更為嚴重。現在北極海一年四季漂浮著海冰，但科學家認為到了本世紀中，北極海夏季的所有海冰都將融化。

地球暖化將如何改變未來氣候？可以確定的是，全球創下異常高溫的紀錄將逐漸增加，異常低溫現象則越來越少。地球上幾乎所有地區的降水量將呈現極端化，分成雨量極少的乾燥區和雨量較多的多雨區。

日本受到暖化影響，空氣中的水蒸氣量升高，全國平均年降水量增加，降大雨的可能性也會變高。在降雪量部分，除了北海道等部分寒冷地區，其他地區降雪量將減少。氣溫上升導致降雪和下雨機率降低，因此造成上述的氣候變化。

▼地球暖化導致海水溫度升高，極可能形成北上後威力不減的超級颱風。

※轟～

插圖／佐藤諭

不過，有些研究報告認為，地球暖化也會引發比往年更寒冷的冬季。當北極區的海冰減少，氣壓配置使西風帶往南北大幅移動，進入日本的西風帶偏南就會引進冷氣團，氣溫逐漸下降。此外，颱風每年都會重創日本，地球暖化後將更難預測其動向，雖然來到日本附近的颱風數量會減少，但伴隨強烈風雨的大型颱風將逐漸增加。

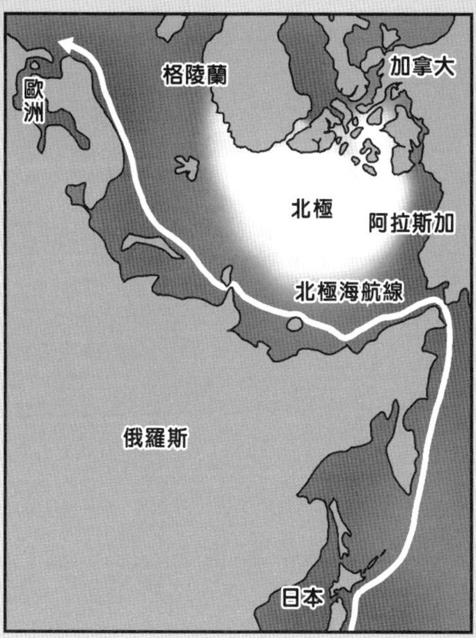

▲地球暖化使得北極海的海冰減少，未來船隻將能航行於北極海上。

插圖／佐藤諭

地球暖化會改變我們的生活嗎？

隨著地球暖化加劇，氣候開始產生變化，出現高溫、大雨、乾旱等極端氣候的可能性增高。為了避免這個現象，不只應積極阻止排放溫室效應氣體（緩解對策），今後也要思考如何避免豪雨和缺水帶來的災害，進行農作物品種改良，建立完整的社會體系，因應既有現象造成的影響（因應對策）。

特別專欄

預防地球暖化的新技術

地球暖化的主要原因是二氧化碳，目前已經可以借助科學力量回收或去除大氣中的二氧化碳，這項新技術已經成為備受注目的焦點。另外，利用人工方式進行光合作用，結合陽光、水與二氧化碳製造有機物，直接回收二氧化碳，並將之封存於地下或海底的技術，也正在積極開發中。

此外，有人提出「遮陽作戰」的新點子。在平流層釋放可散射陽光的硫酸浮質，即可在外太空散布反射物質，遮住部分陽光。雖然創意十足，但真正實現還需要克服許多難關。

後記

天氣預報以及大家的未來

筑波大學計算科學研究中心副教授
日下博幸

理學博士。一九七〇年出生於島根縣。身兼國際都市氣候學會（IAUC）唯一一位日本理事與日本熱島學會理事，是一位活躍於國內外的氣象學家。研究熱島、局部風、日本各地氣候。主要著作包括《學了之後才發現！氣象學其實很有趣》、《兩種暖化》（分擔合著）等。

對所有人來說，天氣與氣象是很重要的資訊。若沒有天氣預報，就無法規劃明天、後天要做什麼，也不知道今天要穿什麼衣服。此外，若沒有防災資訊，也很難避免災難。

話說回來，天氣預報和氣象觀測究竟從何時開始？古希臘哲學家之一泰奧弗拉斯托斯，在西元前三世紀左右寫了一本有關天氣俚諺（俚語）的書籍，內容包括「夕陽晴、朝霞雨」（前一天有夕陽，隔天就會放晴；

早上有朝霞的日子通常就會下雨）等現在仍在使用的俚語。西元前一世紀左右，希臘雅典興建了「風之塔」，代表人類在那個時期就已經學會觀測風向了。

到了十六、十七世紀，人類發現了氣壓，並根據氣壓變化預測天氣；十九、二十世紀初期發明了天氣圖，同時發現各種大氣現象，在了解這些現象的過程，孕育出近代科學「氣象學」，提升了天氣預報的準確度。

如今氣象學理論蓬勃發展，超級電腦啟動了根據氣象學與計算科學知識開發出的數值預報模型（電腦程式），讓我們得以計算並預測時時刻刻都在改變的氣

象（數值預報）。日本氣象廳的預報官與民間氣象公司的氣象預報士，依據計算結果進行天氣預報。數值預報的精準度每年都在提升，即使如此，人類還是很難正確預測龍捲風與豪雨的發生時刻與場所，對於酷暑和冷夏等季節預報的精準度也有待加強。過去的科學家努力累積氣象研究的成果，才能完成現在的天氣預報，未來的天氣預報也與現在和未來的氣象學發展緊密相連。

　我也是一位氣象學家，主要研究熱島效

應與局部風，進行各種觀測實驗，如今仍有許多未解之謎。都市與豪雨之間的關係就是很好的例子，許多研究者不了解都市的存在如何影響豪雨，他們都認為都市與豪雨之間並沒有任何關連。此外，某些地區特有的焚風和落山風等強風（稱為局部風），其作用原理也尚未釐清。

真想知道哆啦Ａ夢出生的未來世界，是如何播報天氣預報的？是否已經解開了現在尚未釐清的氣候原理？是否像哆啦Ａ夢的漫畫中所提到的那樣，可以控制天氣？

閱讀本書後開始對天氣和氣象產生興趣的人，請務必深入學習氣象學。相信大家一定會發現許多如今仍無法解開的謎題，並為此感到驚訝。而且還會惕勵自己，一定要學習氣象學的基礎知識，包括物理學（理科課程傳授的運動、力與熱）、數學（算數）、地理學（社會科課程傳授的氣象學）。

當你想靠自己的力量了解自己不清楚的事情，請務必重視這個想法，只要踏出第一步，從這一天起，每個人都是研究家。希望未來有機會與大家一起研究！衷心期待這一天的到來，我也會繼續研究，貢獻自己的力量。

哆啦A夢科學任意門 9

百變天氣放映機

●漫畫／藤子・F・不二雄
●原書名／ドラえもん科学ワールド—— 天気と気象の不思議
●日文版審訂／Fujiko Pro、大谷繪里（Fujiko Pro）、尾崎美香（Fujiko Pro）、大西將德
●日文版撰文／瀧田義博、窪內裕、丹羽毅、甲谷保和、芳野真彌
●日文版版面設計／bi-rize
●日文版封面設計／有泉勝一（Timemachine）
●日文版編輯／杉本隆

●翻譯／游韻馨
●台灣版審訂／吳俊傑

發行人／王榮文
出版發行／遠流出版事業股份有限公司
地址：104005 台北市中山北路一段 11 號 13 樓
電話：(02)2571-0297　傳真：(02)2571-0197　郵撥：0189456-1
著作權顧問／蕭雄淋律師

2016 年 5 月 1 日 初版一刷　2024 年 1 月 1 日 二版一刷
定價／新台幣 350 元（缺頁或破損的書，請寄回更換）

ISBN 978-626-361-351-5
遠流博識網　http://www.ylib.com　E-mail:ylib@ylib.com

◎日本小學館正式授權台灣中文版
●發行所／台灣小學館股份有限公司
●總經理／齋藤滿
●產品經理／黃馨瑝
●責任編輯／小倉宏一、李宗幸
●美術編輯／蘇彩金、李怡珊

國家圖書館出版品預行編目(CIP)資料

百變天氣放映機 / 藤子・F・不二雄漫畫；日本小學館編輯撰文；游韻馨翻譯. -- 二版. -- 台北市：遠流出版事業股份有限公司, 2024.1
面；　公分. --（哆啦A夢科學任意門；9）

譯自：ドラえもん科学ワールド：天気と気象の不思議
ISBN 978-626-361-351-5（平裝）

1.CST: 氣象學　2.CST: 漫畫

328　112017052

※本書為 2014 年日本小學館出版的《天気と気象の不思議》台灣中文版，在台灣經重新審閱、編輯後發行，因此少部分內容與日文版不同，特此聲明。